한지공예
일상을 담다

手作
느리게 만드는
특별한 이야기
02

한지공예
일상을 담다

| 정은하 지음 |

팜파스

나의 이야기

부모님께서는 의상실을 하셨습니다.
가게에서 천으로 여러 가지 작업을 하시는 모습과 쇼윈도 밖으로 지나가는
다양한 색의 옷을 입은 사람들의 모습을 보는 것이 너무나 재미있고
흥미로웠죠. 저에게 의상실은 호기심 가득한 놀이터였습니다.
세월이 흘러 제 손에는 천이 아닌 한지가 들려 있습니다.
찢고, 오리고, 붙이고…… 즐겁게 작업을 할 수 있는 공간은 또 다른 나의
놀이터가 되었습니다. 이 놀이터에서 작은 공간들을 만들고 있습니다.
그리고 작업을 하는 내내 공간 속에 나의 감성을 담아내고,
여백의 미를 살린 우리 고유의 아름다움을 듬뿍 담은
한지공예품이 탄생합니다.
한지공예를 시작했을 때 제일 큰 즐거움을 가져다준 것은 하나하나마다
새로운 의미를 담을 수 있는 공간이 생긴다는 것이었습니다.
한지를 이용해 용도와 쓸모를 생각하며, 여러 가지 색의 한지를
어울리게 배치하는 것은 기분 좋은 상상의 세계로 이끌었죠.
색을 다루는 것을 좋아하는 저에게는
또 다른 재미를 주었고, 한지의 무한한 가능성과 변신에 매료되었습니다.
이렇게 완성품을 하나씩 만들어가다 보니 한지의 따뜻함과 한국의 미를
알릴 수 있는 여러 가지 기회가 찾아오기 시작하였습니다. 그 다양한
기회들을 통하여 우리의 한지를 점점 알릴 수 있게 되어 감사합니다.
출판 제의를 받았을 때의 설렘을 간직한 채
그동안 만든 작품을 책으로 엮을 수 있게 되어 감사합니다.
한지공예를 하면서 필요로 했던 부분들을 여러분께 전할 수 있어 행복합니다.
행복은 스스로 만들어가는 것이라고 했습니다. 제가 좋아서 해왔던 일이
이렇게 책을 만드는 작업으로 연결되었습니다. 원고를 집필하는 동안 내내
가슴 설레고 믿기지 않았습니다. 그 설렘이 한지공예를 접하는
여러분께 한지의 아름다움과 함께 전해지길 바랍니다.
그리고 급변하는 현대사회에서 전통과 현대적인 감각을 접목시킨
다양한 시도로 한지의 아름다움을 전할 수 있기를 희망합니다.

韓紙

저자의 말

한지공예 작업을 시작하면서 설레이는 꿈을 꾸었습니다.
좋아하는 일에 나의 열정을 모두 쏟을 수 있게 된 것에 감사드리며,
운명으로 받아들였습니다. 한지공예를 하면 할수록 그 매력에 빠져드는
이유는 매번 작업이 끝날 때마다 느끼는 감동이 다르기 때문입니다.
하얀 초배지를 바른 모습은 꼭 아이에게 새하얗고 단정한 옷을 입힌 모습을
보는 것 같습니다. 그리고 색한지를 입힌 모습은 화려하지만 단아한 모습을
보는 듯합니다. 정성스레 작업한 문양을 붙이는 순간의 희열! 이런 감정들이
힘이 되어 이렇게 책으로 선보이는 날을 맞이하게 되었습니다.
아직도 너무 설레고 믿어지지 않았습니다. 원고를 작업하는 내내
어떻게 풀어가야 쉽고 흥미 있는 작업이 될까? 고민을 하게 되었습니다.
한지는 색상과 문양이 다양하여 표현하는 방법을 조금만 달리 해도
색다른 작품으로 탄생합니다. 호기심으로 다음은 어떤 작품이 탄생할까 하는
마음에 몇 작품을 더 만들어보기도 하죠.
한지공예는 만드는 순서가 거의 비슷하기 때문에 기초를 익히는 것이
중요합니다. 그리고 합지를 재단할 때는 사이즈를 변형히여
다양한 작품을 시도해볼 수 있습니다.

모든 작품은 만드는 이의 감성이 묻어납니다.

이 책에 실린 작품들은 저만의 감성으로 채운 것입니다.
여러분의 감성이 물씬 배어나는 한지공예 작품을 만들 수 있도록
이 책이 도움이 되길 바랍니다.
이 책이 나오기까지 나는 많은 것을 배울 수 있었습니다.
두서없이 흘러가던 시간을 말끔하게 정리할 수 있게 기회를 주신
이진아 과장님께 먼저 감사드리며, 그동안 묵묵히 응원해준 가족들, 규리,
규나 그리고 남편에게 감사드립니다. 마지막으로 저에게 창작의 기쁨을 알 수
있게 뿌리를 내려주신 어머니와 하늘에 계신 아버지께 감사드립니다.

CONTENTS

1
골격 재단 없는 한지 작업

2
골격을 이용한 한지 공예 |초급|

3
골격을 이용한 한지 공예 |중급|

한지의 역사

한지공예를 시작하기 전에 한지의 역사와 명칭에 대해 알아보자. 우리 고유의 한지는 닥나무를 원료로 사용하여 섬유질이 풍부하고 질긴 반면, 질감은 부드러운 것이 특징이다. 이외에도 닥 껍질이나 볏짚, 갈댓잎, 죽엽 등을 섞어 다양한 한지를 만들기도 한다.

한지는 닥지, 창호지, 문종이, 닥종이, 조선(朝鮮) 종이 등의 명칭으로 불린다.

한지는 중국 후한(後漢, 105년) 때 채륜(彩倫)이 발명했다고 전해진다. 하지만 한국과학사에 의하면 50, 40년대의 전한(前漢)에 이미 종이가 발명되었고, 채륜에 의해 품질이 좋은 종이가 보급되면서 제지기술이 크게 향상되었다고 한다.

제지기법은 고구려 소수림왕 때에 불교와 함께 전래된 것으로 알려져 왔다. 하지만 낙랑시대 고분에서 닥종이가 발견되면서 종이의 역사는 소수림왕 때보다 훨씬 전으로 올라간다. 오늘날 현존하는 가장 오래된 인쇄물은 751년에 만들어진 무구정광대다라니경으로 1966년 불국사 석가탑 2층 탑신에서 발견되었다. 일본서기(日本書紀)에는 "고구려 영양왕 20

년(610년)에 담징이 종이와 벼루, 먹을 일본에 전했다"고 기록되어 있다. 이를 통해 중국 후한 때보다 앞서 이미 신라(新羅) 때부터 종이가 사용되었다는 것을 알 수 있다.

고려 인종 23년에는 왕명으로 닥나무 심기를 권장하였으며, 명종 19년에는 이를 법제화하여 한지를 생산하였다. 조선시대의 '조지소'는 태종 15년에 설립되어 종이를 관장하던 곳으로, 1882년 고종 19년까지 향교와 서원, 도화서에 필요한 종이를 공급하였다.

그러나 1901년 용산에 양지(洋紙) 제지소가 들어서면서 한지보다 싼 가격에 공급되었다. 한지는 양지보다 비싸다는 이유로 수요량이 감소하면서 한지의 생산은 점점 축소되었다. 그러나 최근 우리의 전통을 되찾고, 계승 발전시키고자 하는 움직임이 커져감에 따라 한지 생산이 재개되고 있다. 한지를 이용한 공예나 다양한 방면에서 한지를 다루는 수요가 늘어남에 따라 닥나무의 재배도 활발해졌다. 또한 한지의 다양한 시도와 여러 가지 재료의 접목으로 전통을 기반으로 한 현대적인 감각의 다양한 한지가 제조되고 있다.

한지공예 도구

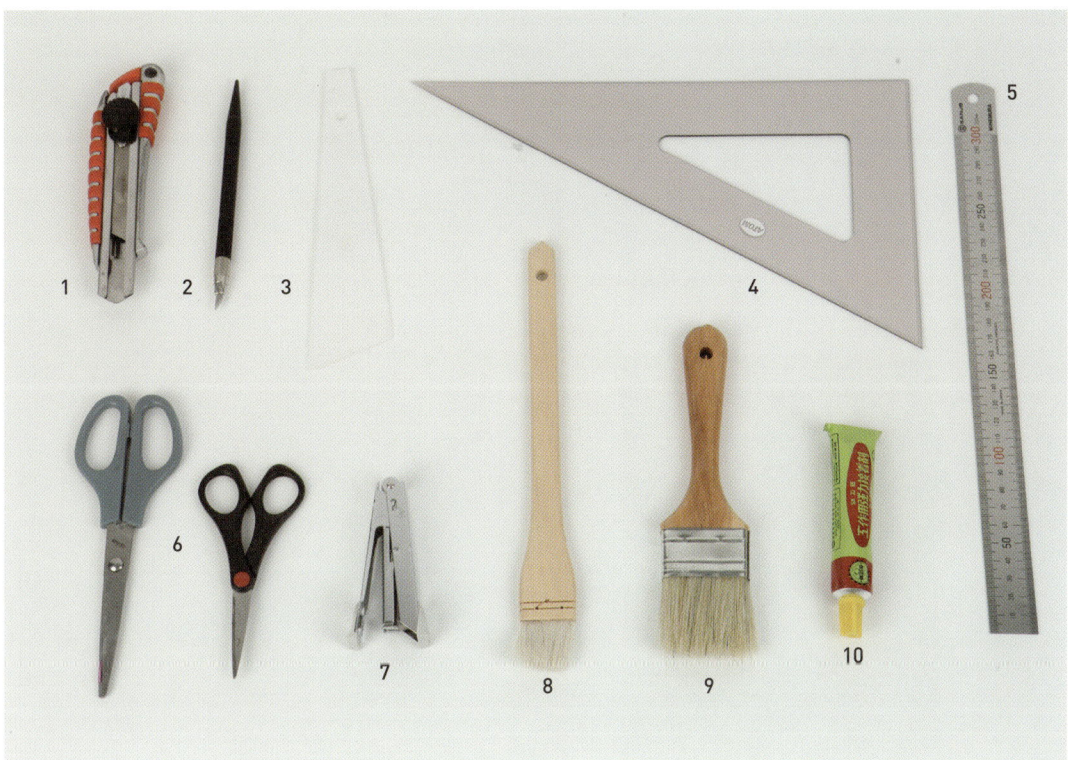

1 재단용 커팅칼

합지를 재단하는 칼로써 흔들림이 없이 조여주는 나사가 있는 것을 선택합니다. 무게감이 있는 칼이 사용하기 편합니다. 재단 시두꺼운 합지를 자를 때는 여러 번 칼질을 하여 자릅니다.

2 문양칼

펜처럼 칼날의 각도가 종류별로 있어 작은 면 등 세밀한 부분을 오리기에 적당합니다. 화방이나 문구에서 구입할 수 있습니다.

3 헤라

평편한 면의 기포나 주름이 가지 않게 붙여주며 모서리 작업을 할 때 사용합니다.

4 삼각자

수평, 수직을 맞출 때 필요한 자입니다. 선이 기울어지지 않게 수평 수직을 잘 맞춰서 그립니다.

5 자

무게감 있는 쇠자가 종이 자르기에 좋으며, 길이별로 있어 넓은 면을 자를 때는 긴자가 좋습니다.

6 가위

가위는 작은 면을 오릴 때 풀이나 물기에도 잘 오려지는 가위를 선택합니다.

7 스테이플러

문양 작업 시 필요한 도구로써, 종이를 고정시킬 때 사용합니다.

8 붓

한지에 풀칠을 할 때 사용합니다. 작은 소품은 1호 정도의 붓을 사용하며 큰 면을 다룰 때는 호수가 큰 것이 좋습니다.

9 마감재 붓

마감재를 바를 때도 붓을 이용합니다. 마감재 용도로는 털이 조금 빳빳한 붓을 사용하는 게 좋습니다.

10 접착제

하드보드지를 재단하여 조립할 때 사용합니다. 습기가 조금 마른 후에 붙이는 게 좋습니다.

11 순간접착제
필요 시 사용합니다.

12 풀
직접 만들어 사용하거나, 시중에 판매하는 풀을 사용합니다.

13 마감재
마감재는 유광과 무광으로 나눠지며, 용도에 따라 사용합니다. 작은 소품은 유광을 사용하면 광이 나서 조금 더 소품처럼 보이고, 가구를 제작할 때에는 무광을 사용하면 자연스러움을 더할 수 있습니다.

14 각도기
5, 6, 8각이 나눠져 있는 부분을 재단할 때 사용합니다. 먼저 자를 이용하여 십자로 그은 다음 각도기를 대고 각을 나눠서 선을 연장시켜 크기를 정합니다. 그런 뒤 서로 연결하여 면을 만듭니다.

15 송곳
장석이나 구멍을 뚫을 때 사용합니다. 송곳으로 살짝 뚫은 다음에 나사를 넣어서 드릴로 돌리면 쉽게 뚫을 수 있습니다.

16 커팅판
하드보드지나 종이를 오릴 때 아래 받쳐서 사용합니다. 크기가 여러 가지가 있으며, 용도에 맞게 사용합니다. 화방이나, 문구점에서 구입 가능합니다.

17 풀판
풀칠할 때 사용합니다. 얇은 아크릴판이나 장판지를 두고 물수건으로 풀칠한 부분을 닦아서 사용하면 종이에 풀이 덧붙지 않고 깔끔하게 작업할 수 있습니다.

마감재 작업 방법

모든 작업은 마무리가 끝난 다음 마감재 작업을 하게 됩니다.

장석이 필요한 작품은 마감재 작업을 한 다음 건조시킨 후 장석을 답니다.

마감재는 작품이 완전히 마른 뒤 붓으로 마감재가 흘러내리지 않게 얇게 펴 바르고, 이때 물방울처럼 맺히지 않게 발라야 합니다. 한 번 바르고 마른 다음 다시 한 번 바릅니다.

마감 작업을 할 때는 바닥에 종이를 깔지 않습니다. 한지가 밑에 깔아 놓은 종이와 붙을 수 있기 때문입니다.

타일이나 고무재질의 판을 깔아 둔 곳에서 작업하며, 통풍이 잘 되는 외부에서 자연 건조합니다.

물풀 칠하기

마감재 작업 전에 풀과 물을 1:5 정도로 섞어 붓으로 고루 발라서 전체적으로 마무리합니다. 물풀 칠을 함으로써 작품을 전체적으로 깔끔한 맛이 나게 하며, 물풀이 마른 다음 반질반질한 느낌이 들도록 자갈돌로 문지른 후 마감재를 칠하면 더욱 윤기 나는 작품을 만들 수 있습니다.

낙관과 장석

낙관 낙관은 작품의 귀퉁이나 여백 부분에 찍어 작품을 훨씬 더 고급스럽고 멋스럽게 마무리해줍니다.

장석 장석은 한지공예품을 한층 더 아름답게 장식하며, 작품의 실용성을 높여줍니다. 장석은 작품의 색상과 용도에 맞게 선택하여 사용합니다. 장석을 다는 방법은 살짝 송곳으로 구멍을 낸 뒤 힘을 너무 주지 말고 드라이버로 나사를 돌려줍니다.

한지공예 재료

한지공예의 모든 작업 순서는 골격 재단–골격 조립–초배지 작업–색지 작업–문양 작업 순서로 진행됩니다. 이때 초배지 과정이 용도에 따라 생략되기도 합니다.

합지

골격에 사용되는 합지는 두꺼운 하드보드지로 되어 있으며, 두께에 따라 여러 종류가 있는데 대부분 3mm를 사용합니다. 일반적으로 합지를 조립할 때는 본드나 순간접착제를 사용합니다.

초배지

골격의 틀을 전체적으로 씌워 주어 틀을 튼튼하게 해주는 초배 역할을 하기 때문에 초배지라고 부릅니다. 초배지로 사용할 종이는 얇은 닥종이를 구입하면 됩니다. 흰 종이로 씌워주면 다음 단계인 색지를 더욱 선명하게 보이는 역할을 합니다.

가끔 큰 작업을 할 때 초배지를 입혀 놓은 모습을 보고 있으면 흰 옷을 입혀 놓은 느낌을 받습니다. 화려한 색상은 아니지만, 그 깔끔하고 백설 같은 느낌에서 빛이 나는 것을 느낄 수 있고, 그 모습 또한 아름답습니다.

색한지

한지의 색상이 다양하므로 공예품의 용도나 인테리어 효과를 고려하여 작업합니다. 요즘 다양한 한지가 시중에 나와 있어 작업 시 한지 선택의 폭이 넓어지고 있습니다.

---

tip

한지공예 재료 구입하기
한지공예의 기본 재료를 구입할 수 있는 대표적인 곳은 인사동입니다. 온라인으로도 쉽게 구입할 수 있지만, 발품을 팔아서 재료상을 찾아다니며 직접 보고 구입하는 것이 좋습니다. 온라인으로 구입하려면 사이트 검색창에 '한지공예'를 치면 쉽게 재료상을 찾아볼 수 있습니다.
반제품을 구입하려면 여러 종류의 반제품을 실용성과 크기를 고려하여 구입하고 그에 맞는 한지 색상과 질감을 생각하여 작업할 수 있습니다.
처음 한지공예를 하는 분들은 소품부터 만들어보고, 색한지로 색상 배합 작업을 시작하는 것이 좋습니다. 또 재단을 원하는 분은 기초가 되는 접시나 사각함부터 시작하는 것이 좋습니다.

한지공예 용어
배접 : 한지를 여러 장 겹치는 작업
시접 : 여유 사이즈를 두는 부분
턱 : 긴 쫄대를 얹어 만든 높이
반칼선 : 합지를 자를 때 칼을 합지 사이로 반 정도만 넣어 자른다. 면이 꺾일 정도만 자른다.

한지공예 문양

전통적으로 내려오는 문양으로, 그 시대의 사회성과 의미를 담고 있습니다. 여러 가지 형태를 도안화시킨 문양은
공예품의 실용성과 용도, 색감에 맞게 잘 접목시켜 표현합니다. 한지공예의 문양을 살펴보면 다음과 같습니다.

1. 서수서금 문양

호랑이 문양	잡귀를 막아 준다는 뜻에서 민화나 모든 공예품에 많이 사용합니다.
용 문양	힘과 선의 수호신이며 절대 권력과 출세를 나타내는 상징적 동물입니다.
봉황 문양	상상의 새로 서신적인 의미, 선비의 도를 뜻하기도 합니다.
박쥐 문양	강한 번식성을 상징하며 자손 번창을 의미합니다.
물고기 문양	부귀, 인내를 상징한다. 한 쌍의 물고기는 길리를 뜻하고, 악을 피하는 부적으로 사용되었습니다.

이 외에도 원앙 문양, 까치 문양, 나비 문양, 닭 문양 등이 있습니다.

2. 서화서초 문양

길상화 문양	백합, 영지 등으로 가정에 좋은 일이 있기를 바라는 의미를 담고 있습니다.
당초 문양	식물의 실재적인 모습을 본 떠 일정한 형식으로 도안화시킨 문양입니다.

이 외에도 목단 문양, 국화 문양, 대나무 문양, 매화 문양 등이 있습니다.

3. 길상 문양

태극문양	우주만물 구성의 가장 근원이 되는 본체를 의미합니다. 2태극(빨강, 파랑), 3태극(빨강, 파랑, 노랑), 4태극(빨강, 파랑, 노랑, 초록) 등이 있습니다.
문자 문양	수복강년, 효제충신 등을 사용하거나 다양하게 문자를 변형시켜서 사용하기도 합니다.

이 외에도 칠보 문양, 팔보 문양 등이 있습니다.

4. 기하학적 문양

창살 문양	집안의 방문이나 창살을 만(卍)자, 아(亞)자, 전(田)자 등과 같이 모든 짜임이 비단 짜는 것과 같다고 하여 금문이라 부릅니다. 장생불사, 다부, 다복을 의미합니다.

5. 자연 상징 문양

십장생 문양	장생불사 한다는 열 가지 사물을 말하는 것으로 해, 산, 물, 돌, 구름, 소나무, 불로초, 거북, 학, 사슴, 대나무, 달 등을 말합니다.
비운 문양	구름 문양을 형상화시킨 문양입니다.

문양을 구하는 방법은 다양합니다. 온라인으로 문양을 쉽게 찾아볼 수 있으며,
도서관이나 시중에 나와 있는 문양집을 통해 구할 수 있습니다. 자신만의 창의적인 작품에는
그림이나 마음에 드는 도안을 이용하여 사용하기도 합니다. 문양은 색상 배합이 중요합니다.
자신만의 색감을 얻기 위해서는 색상을 많이 배합해보면 응용감이 생길 것입니다.

한지공예 준비하기

풀 만들기

밀가루와 물을 1:5로 섞어 3주 동안 삭힌다.
삭히는 동안 윗물을 갈아 준다.

윗물에 뿌연 물이 나오지 않을 때까지 갈아
준다.

아래에 가라앉은 삭힌 밀가루를 이용하여
풀을 만든다. 가라앉은 밀가루 한 스푼에 물
한 컵 반 정도를 섞어 사용한다.

잘 섞은 후 약한 불에서 중탕하여 저어가며
끓이면 풀이 완성된다.

tip

1 초배지나 색지 작업 시 표면이 거친 면에
  풀칠을 하여 작업한다.
2 풀을 직접 만들지 않고 시중에서 판매하
  는 가루 풀을 물과 배합하여 사용하기도
  한다.

한지 만들기

재료

닥 펄프, 채, 부직포 또는 광목

tip

닥펄프란 한지를 만드는 주원료로 닥나무를 삶아 채취한 닥 섬유를 말한다.

물에 닥 펄프 풀기
손으로 저어서 덩어리지지 않게 풀어준다.

곱게 풀렸다면 채를 물 속에 넣는다.

채를 살짝 흔들며 물속에서 빼 준다.

tip

채 만들기
화방에서 판매하는 틀을 구입하여 철사 망이나 모기 망으로 올리고 테이프나 타카로 고정한다.

틀에 붙어 올라온 닥을 정리한다.

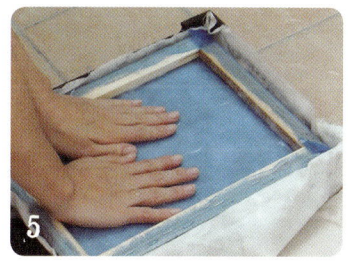

미리 준비한 부직포나 광목 위에 엎어서 손으로 꾹꾹 눌러 물기를 빼준다.

틀을 들어 올려내고 그 자리에 천을 한 장 더 엎어 물기를 빼준다.

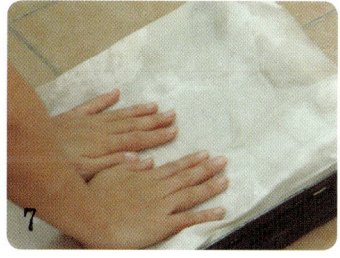

물기를 충분히 빼준 후에 얹은 천을 빼내고 자연 건조시킨다.

바삭하게 종이가 건조되면 천을 떼어낸다.

한지의 종류

한지가 가장 포근해 보일 때는 물에서 막 건져 보송보송할 때입니다. 부드러운 눈처럼 희고 순수한 자연의 모습을 그대로 느낄 수 있죠. 훅 불면 날아갈 것 같은 구름을 보는 것 같습니다. 한 장의 한지가 되는 모습에 신기하고 설레어 한참을 바라보게 된답니다.

자연꽃잎 한지

길을 걷다 떨어진 꽃잎을 보거나 꽃을 받으면 '한지 만들면 좋겠다'며 책 속에 끼워 두거나 말려서 한지를 만들어 고마움과 의미를 담아 간직합니다.

tip

한지 만들기 응용
닥이 곱게 풀린 물속에 은은한 향을 내는 소국과 장미꽃잎 그리고 여러 가지 꽃과 다양한 재료로 한지를 만들어보세요.

한지공예 기본 익히기

내가 본 한지공예는 일상생활 속에서 활용할 수 있는 실용성을 갖춘 최고의 공예품 중 하나입니다.
골격에 초배지와 색지 작업을 함으로써 견고해지고, 마감재로 마무리하여 물기에도 강합니다.
잔잔한 문양으로 만든 이의 손길을 느낄 수 있어 따뜻한 감동을 전하는 선물용으로도 그만이죠.
또한 다양한 색상으로 매치하여, 전통적인 느낌과 현대적인 느낌까지 표현할 수 있는 공예품입니다. 전통을
기반으로 여러 현대적인 감각으로 접목을 시도하는 작업도 가능합니다. 한지를 찢고 오리고, 붙이고, 자~ 그럼 내
손으로 만든 세상에서 하나밖에 없는 나만의 소품을 만들어보기 전에 한지공예의 기본을 배워볼까요.

1. 한지 배접하기 여러 장의 한지를 겹붙여 도톰하게 만들어 문양에 사용한다.

배접하는 방법

1

10×10cm 1장, 8×8cm 1장을 준비한다(기본 사이즈는 8×8cm).

2

8×8cm의 한지에 풀을 골고루 바른다.
10×10cm의 한지 위에 8×8cm의 한지를 붙인다. 이때 헤라를 이용하여 기포가 들어가지 않게 싹싹 비빈다.

3

종이 끝 부분에 사방으로 풀칠을 한다.

4

주름 없이 곱게 배접하기 위해 종이를 뒤집어서 평평한 곳에 붙이고 완전히 건조되면 뜯어낸다. 더욱 두껍게 배접할 때는 작은 사이즈의 종이를 계속 덧붙여준다.

2. 모시 한지 배접하기

모시는 다소 뻣뻣하기 때문에 풀과 흰색 오공 풀을 섞어 사용한다.

만들기

1

색색의 모시를 준비하여 적당한 크기로 오려둔다.

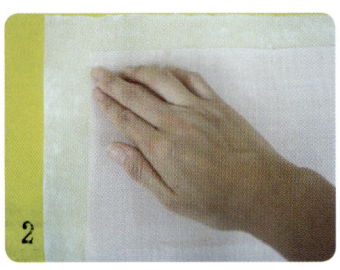

2

배접할 한지는 모시보다 크게 오린다.

3

풀칠을 한 모시에 한지를 붙인다. 한지에 살짝 물기를 주면 잘 붙는다.

4

뻣뻣한 붓으로 쓸어주면서 기포가 들어가지 않게 밀착시킨다.

5

뒤집어서 한지 가장자리에 풀칠한다.

6

평평한 곳에 붙여 놓았다가 건조가 되면 떼어낸다.

7

모시 한지 완성

조각 모시 한지 만들기

1

배접된 모시가 완성되면 필요한 사이즈로 오려둔다.

2

다른 한지를 바닥에 깔고 풀칠을 하여 색상을 선별하여 붙인다.

3

건조되면 오려서 사용한다.

4

포인트로 색상을 맞추어 오려서 붙인다.

3. 문양 배접하기

문양 작업 방법

양각으로 오리기
문양선을 그대로 드러나게 오려내는 작업
이다. 배접해서 도톰하게 작업하기도 하는
데, 이렇게 하면 입체감도 살리고 보기에도
예쁘다.

음각으로 오리기
양각과 반대로 면이 아래로 들어가는 느낌
으로 배경을 붙이는 방법이다.

한지 그림으로 표현하기
한지를 찢어서 물감으로 그림을 그린 듯한
느낌으로 작업한다.

문양 배접 방법

완성된 문양을 다른 색상의 한지에 붙인다.

도안을 고정시키고 문양의 흰 부분을 파낸다.

마지막에 겉 테두리를 오려낸다.

어울리는 색한지에 풀칠하여 문양을 붙인다.

남기고 싶은 부분을 남기고 나머지는 오려
낸다. 외곽선은 0.1mm의 여유를 두고 오려
낸다.

> **tip**
> • 종이가 얇을 때는 잘 찢어질 수 있기 때
>   문에 문양에 직접 풀칠하지 않고 붙이는
>   면에 풀칠을 해둔다.
> • 곡선 문양 작업 시에는 종이를 돌려가면
>   서 오리는 것이 더 편하다.

4. 한지 탈색하기

갈색 톤의 색감을 주고 싶을 때 사용한다.

재료

검정색 한지, 락스, 행주, 물, 신문지

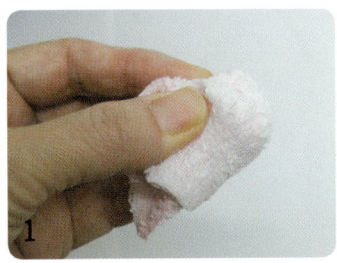

1

면으로 된 천을 둥글게 만든다.

2

건조된 검은색 한지의 원하는 곳에 락스를 희석시킨 물을 적신 천으로 쓱쓱 문지른다. 이때 미리 물기를 충분히 빼준 후 작업한다.

3

탈색하고자 하는 면이나 입체적인 곳을 잘 살려 비벼준다.

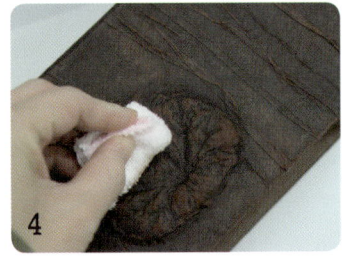

4

같은 작업을 반복하여 원하는 곳을 더 밝게 작업한다.

tip

티슈 케이스, 팔각 보석함, 한지 표지판 참고

5. 초배지, 색지 시접 작업하기

만들기

1

사방으로 시접두기

네 면에 시접을 주어 사방으로 넘어가게 붙인다.

2

옆, 아래로 시접두기

시접을 옆면, 아랫면으로 주어 붙일 때 시접이 양쪽 면으로 넘어가고, 아랫면 안으로 들어가게 붙인다.

아래로 시접두기
시접을 아래로 두고 붙인다.

골격에 맞게 재단한다(밑면에 주로 사용된다)
골격 면과 같은 크기로 오려 붙인다.

tip
시접 면은 0.5~0.7 cm 정도가 적당

6. 시접 붙이는 요령

만들기

시접 끝부분 붙이기
시접 끝부분을 미리 사선으로 오린 다음 붙여주면 끝 부분이 구겨지지 않고 편하게 붙여진다.

모서리 부분 붙이기
모서리 부분에 종이가 구겨지지 않게 미리 모서리 부분을 ㄱ모양으로 찢어 붙이면 종이가 구겨지지 않고 작업하기 편하다.

종이가 여러 겹으로 겹치는 부분
사방으로 시접이 내려오는 모서리의 종이를 붙이면 종이가 여러 겹으로 겹쳐서 두꺼워지므로 풀칠이 된 상태에서 모서리 부분을 덮는 부분의 시접만 남겨두고 나머지는 살짝 손가락 끝으로 찢어 골격에 붙이면 자연스럽게 정리된다.

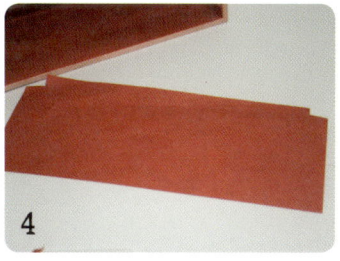

아랫면의 모서리 부분
아래 면으로 내려오는 모서리 부분의 시접은 미리 ㄱ모양으로 찢어 붙인다.

곡선 부분 시접처리
곡선이나 원형 부분의 시접은 곡선 모양으로 시접을 낸 다음 칼집을 일정한 간격으로 낸다. 그런 후 풀칠을 한 다음 손가락으로 당겨 구김이 많이 가지 않게 붙인다.

한지공예 기본 틀 만드는 방법

군이 재단을 하지 않고 반제품을 구입하여 초배나 색지 작업부터 시작해도 무관합니다.
하지만 자신이 원하는 한지공예 작품을 만들기 위해서는 재단하는 방법을 알고 있으면 많은 도움이 됩니다.
이 책에서는 누구나 쉽게 만들 수 있도록 기본적인 틀 만드는 방법을 소개하였습니다.

1. 사각함 만들기

1) 사각함 골격 조립 순서

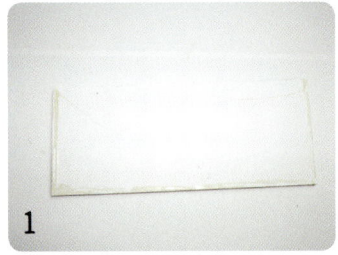

사각면 테두리 윗부분에 본드 칠을 한다.

짧은 면을 사각면 윗부분에 붙인다.

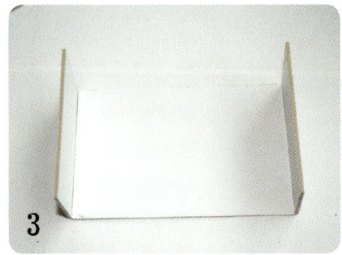

마주보는 면을 붙인다.

긴 면을 아래의 사각면 위에 붙인다.

마주보는 면을 붙인다.

2) 사각함 초배지, 색지 붙이기

● 사각함 초배지 작업 》 겉

앞, 뒷면은 시접을 사방으로 두고 붙인다.

옆면은 시접을 위, 아래로 내려가게 붙인다.

바닥은 시접 없이 정사이즈로 붙인다.

●사각함 초배지 작업 >> 안

앞, 뒷면은 시접이 옆, 아래로 내려가게 붙인다.

옆은 시접은 아래로 내려가게 붙인다.

바닥은 시접 없이 맞는 사이즈로 붙인다.

●사각함 색지 붙이기(초배지 붙이기 과정과 동일) >> 겉

●사각함 색지 붙이기(초배지 붙이기 과정과 동일) >> 안

2. 육각함 만들기

1) 육각함 골격 조립

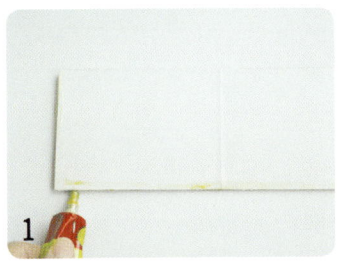

6면을 재단하여 반 칼선을 주어 면을 꺾는다. 이때 마지막 면은 0.2mm 정도 여유 있게 재단한다. 바닥면은 6각으로 재단한다.

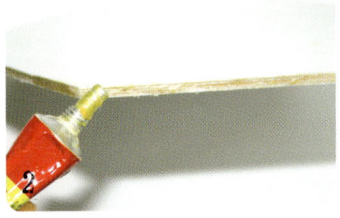

6면 아래 부분과 6각면 옆 테두리 부분에 본드 칠을 한다.

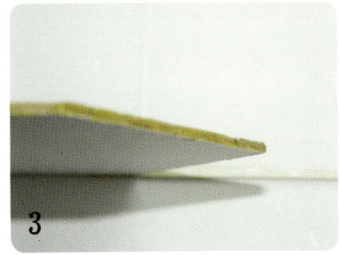

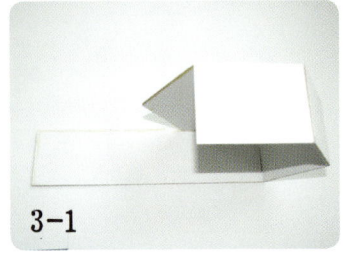

모서리 부분이 맞게 돌려가며 한 면씩 붙인다.

완성

2) 6각면에 초배지, 색지 붙이기 초배지와 색지 붙이는 방법은 동일하다.

●육각함 초배지 작업 >> 겉

한 면을 1로 정하고 1, 3, 5면에 사방으로 시접을 준다. 모서리를 미리 ㄴ모양으로 찢어두면 붙이기 편할 뿐만 아니라, 모서리 부분의 종이가 구겨지지 않는다.

2, 4, 6면은 위, 아래 시접을 두고 위 시접은 상자 속으로, 아래 시접은 바닥 아래로 내려가게 붙인다.

바닥은 시접 없이 맞는 사이즈로 붙인다. 바닥면 사이즈는 0.5mm 정도 작게 재단하여 붙인다. 풀칠을 하면 종이가 늘어나기 때문에 조금 작게 재단한다.

● 육각함 초배지 작업 》 안

한 면을 1로 정하고 1부터 1, 3, 5면을 양 옆 시접과 아래 시접을 주고 붙인다.

2, 4, 6면은 아래로 시접이 내려가게 붙인다.

바닥면은 맞게 붙인다.

● 육각함 색지 붙이기(초배지 붙이기와 과정 동일) 》 겉

● 육각함 색지 붙이기(초배지 붙이기와 과정 동일) 》 안

  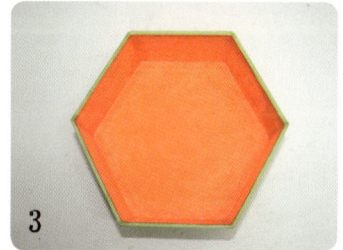

韓紙

골격
재단
없는

한지
작업

특별함을 전하는 메시지

●

너무 느낌이 좋은 한지입니다. 포근한 구름을
올린 종이랄까? 물에 젖어 있을 때와 건조되어
하얗게 말랐을 때 다른 매력이 느껴지는 한지
작업이에요. 손으로 찢어 모양을 다듬어서 더욱
자연스럽고, 모시 한지로 포인트를 주어 재미가
있는 메시지 한지! 명함이나 엽서, 편지지로
사용할 수 있으며, 정성들여 손 글씨로 써서
마음을 전해보세요.

특별함을 전하는 메시지

재료
한지, 배접할 다양한 한지, 모시 한지, 풀, 칼, 붓, 낙관

tip

한지 작업 후 남은 자투리 한지를 재활용해
서 만들 수 있다.

만들기

1 크기가 다른 한지 두 장을 찢어 준비한다.

2 종이에 풀칠하여 두장을 꼼꼼히 붙인다.
(p.17 배접하기 참고)

3 모시 한지로 포인트를 준다.

4 낙관으로 장식한다.

33

마음을 전하는 엽서, 카드

여러 장의 한지가 배접된 두꺼운 한지나 수제 한지를
이용하여 또 다른 느낌의 다양한 한지를 만들어요. 여러
가지 모양이나 크기로 만들어 다양한 재료를 접목시켜
엽서나 카드로 활용할 수 있습니다. 한지를 찢고 붙이는
손맛의 느낌을 가득 담은 수제 한지입니다.

마음을 전하는 엽서, 카드

재료
여러 장의 한지, 스템프, 풀, 낙관, 붓

엽서

만들기

1
수제 한지나 여러 장의 한지를 배접한 두꺼운 한지를 이용하여 끝부분을 칼로 자르지 않고 살짝 뜯어서 자연스럽게 종이의 느낌을 살린다.

2
두꺼운 한지에 얇은 색 한지를 여러 방향으로 살짝 겹쳐 붙인다.

3
낙관으로 모서리 부분에 붙인다.

4
다양한 색상으로 만들어 본다.

카드

만들기

1

수제 한지를 이용하여 여러 가지 모양으로 찢거나 오려둔다.

2

깃털이나 레이스 등 다양한 재료를 붙인다.

3

여러 가지 스탬프를 이용하여 찍는다.

4

다양한 축하카드나 엽서로 만들어 본다.

한지공예의 음각 기법을 응용한 작품입니다. 윗면에
간단한 문양을 그려 살짝 칼선을 준 다음 그 부분을
뜯어내면 밑면의 다른 한지의 색상이 드러나게
됩니다. 이 기법은 다양한 한지의 조합을 응용할 수
있는 재미있는 작업입니다.
전통적인 오방색부터 현대적인 다양한 컬러로
앞·뒷면 색상을 다르게 배접을 한 다음 간단한
문양만 넣어도 훌륭한 북마크를 만들 수 있습니다.

38

한지의 다양한 응용 기법, 북마크

재료

여러 가지 색한지, 문양, 풀, 칼, 지끈

1

서로 다른 색 한지를 여러 겹 배접한다.

2

건조시킨 후 북마크 사이즈로 오려둔다.

3

꽃 문양을 스케치한다.

4

스케치한 꽃잎 부분을 살짝 오려 뜯어내어,
아랫면의 한지 색상이 보이도록 한다.

5

꽃잎 모양으로 오려낸다.

6

줄기, 잎사귀도 오려낸다.

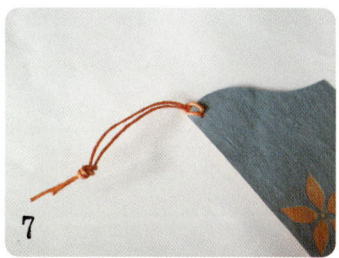

7

윗면 귀퉁이에 구멍을 내서 끈을 단다.

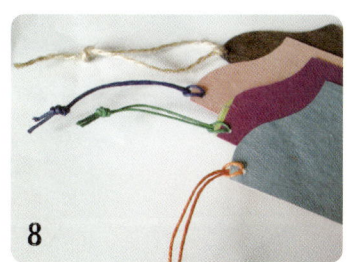

8

여러 색상으로 작업한다.

다른 문양의 북마크

부채

한지로 만든 부채를 살살 흔들어 보면 살랑살랑
불어오는 자연의 시원한 바람!
크기와 모양별로 여러 가지 부채 골격이 판매되고
있으니 여러 가지 부채를 만들어볼 수 있습니다.
더운 여름날 나무그늘에 앉아 내 손으로 만든
부채로 시원한 자연의 바람을 느껴보세요.

HOW TO 4
부채

부채 만들기 1

다양한 색한지로 골격에 붙여서 미리 준비한 모시 한지로 포인트를 준 부채입니다.
여름을 준비하는 계절에 따뜻한 마음을 담아 선물하세요.

재료

부채 골격, 모시 한지, 칼, 여러 가지 색한지

1 부채 골격 모양보다 1cm 크게 재단한 종이를 준비한다. 이때 나무 손잡이를 붙인 곳을 미리 오려둔다.

2 풀칠을 하여 꼼꼼하게 붙여주고 시접은 뒷면으로 넘겨준다. 시접 끝부분은 찢어서 마무리해 준다.

3 뒷면은 모양에 맞게 종이를 오려 붙인다.

4 모시 한지로 포인트를 준다(모시 한지 만들기 참고).

5 고리에 매듭을 달고 낙관으로 마무리한다.

부채 만들기 2

어렸을 때 본 햇살, 작고 앙증맞은 푸른 풀들을 연상하여 만든 부채입니다. 푸른 숲이 생각나는 연두색 한지와 솔솔 부는 바람에 한들한들 살랑대는 나뭇잎의 바람결에 자연의 향을 느껴보세요.

재료
부채 골격, 연두 한지, 초록 한지 , 문양, 칼, 풀

1

색한지를 부채 골격에서 1cm 시접을 낸 한지 1장에 풀칠을 하여 부채 몸체에 붙인다. 시접은 부채 뒷면으로 넘어가게 꼼꼼하게 붙여준다. 이때 기포가 들어가지 않게 부채 살의 홈 부분을 손가락으로 밀어 붙인다.

2

손잡이 부분의 모양을 미리 오리거나 풀칠한 다음 오려낸다.

3

뒷면은 시접 없이 모양에 딱 맞게 붙여준다.

4

나뭇잎 모양의 문양을 오려 부채에 붙일 위치를 정한 다음 포인트로 붙인다.

부채 한지 작업
건조한 다음 휜 듯 보이면 두꺼운 책 속에 넣어 고정시킨 후 사용한다.

한지 꽃 만들기

한지로 만든 꽃을 보고 있으면 화려하면서도
단아함을 느낄 수 있습니다. 한지 꽃을 보고 느낀 것은 화려하지만
단아함이에요. 손으로 한지를 찢어 한 잎 한 잎 붙여나가면
어느덧 활짝 핀 꽃 한 송이가 되지요.
한지 꽃은 한지의 또 다른 매력을 느끼게 해주는 작업이에요.
한지와 풀만 있다면 쉽게 만들 수 있는 작업이에요.
여러 색상의 한지 꽃을 만들어 리스로 활용해보는 것도 좋습니다.

한지 꽃 만들기

재료
색한지, 풀

한지를 손으로 찢어 크기별로 준비한다.

끝부분에 풀칠을 한 다음 끝부분을 모아 붙인다.

작은 잎부터 한 잎씩 둥근 모양으로 붙인다.

원하는 크기가 나올 때까지 여러 장 겹겹이 붙여 나간다.

겉으로 갈수록 꽃잎 모양이 커지게 하여 겹겹이 붙여 원하는 크기의 한지 꽃을 만든다.

노란색 수술을 중앙에 붙여 포인트를 준다. 한지는 풀이 마르면 딱딱해지므로 한지 꽃 모양도 흐느적거리지 않게 고정된다.

나비 모양 한지 등

한지 등은 한지 그대로의 느낌만으로도 은은하고
운치가 있죠. 솜사탕이 날리는 듯한 한지와 나비 문양을
이용하여 구름 속에서 나비가 날아다니는 듯한 느낌을 받을
수 있는 등이에요. 낮과 밤의 모습이 다른 한지 등으로,
밤이면 더욱 운치가 있는 등이랍니다.

HOW TO 6
나비 모양 한지 등

재료

한지, 한지 등 골격, 나비 문양, 풀, 붓, 문양 칼, 커팅 칼, 커팅 판

한지 재단하기

골격 뒷면에서 시작하여 한 바퀴 두른 뒤 맞물리는 선에서 1cm 겹치게 재단한다. 아래, 윗면도 1cm 여분을 두고 자른다.

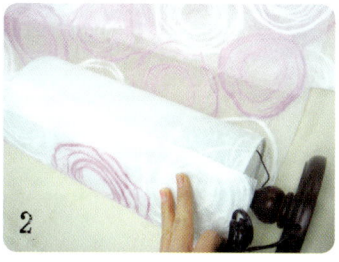

붙이기

풀기 때문에 종이가 늘어나거나 잘 찢어질 수 있으므로 종이 전체에 한 번에 풀칠하지 말고, 조금씩 풀칠하면서 붙여나간다. 이때 기포가 들어가지 않게 손으로 싹싹 비벼준다.

어울리는 한지를 선택하여 아래 면에 띠처럼 두른다.

나비 문양을 오려둔다(p78 나비 문양 참고).

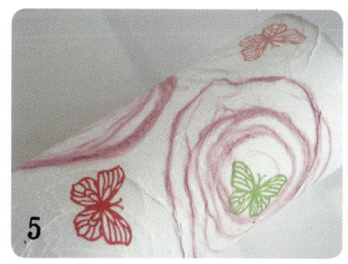

문양 붙이기

문양에 풀칠하지 말고 골격에 풀칠하여 붙인다. 문양에 풀칠하면 문양이 늘어나거나 찢어질 수 있기 때문이다.

꽃
문
양
의
한
지
등

•

한지의 빛 속에는 많은 이야기들이 담겨
있습니다. 그 옛날 문창살 사이로 새어나오던
어머니들의 옛날 이야기들은
오늘날 우리의 이야기가 됩니다.
빛 사이로 새어 나오는
우리의 따뜻한 이야기들!
여러 겹으로 덧대어진 한지에 빛이 투영되어
은은한 빛과 중앙의 한지 꽃은 행복을 전해주는
이야기가 됩니다.

꽃 문양의 한지 등

재료

한지 골격, 염색지, 수제지, 속지, 붓, 칼, 풀

등 골격에 한지 붙이기

속지는 골격 뒤부터 시작하여 한 바퀴 돌려 시접이 1cm 겹치게 붙인다. 위·아래 시접 도 1cm씩 둔다.

기포가 들어가지 않게 손으로 싹싹 비벼 둔 다.

속지 재단 아래, 위쪽은 시접을 1cm 준다.

tip

미리 한지 전면에 풀칠하여 붙일 경우 종이 가 늘어나서 붙이기 힘들다. 이때 시작하는 10cm 정도를 미리 풀칠하여 붙인 다음 종 이를 뒤집어서 10cm 정도 풀칠을 한 다음 붙여나간다.

시접이 골격 안으로 들어가게 풀칠하여 넣 어 붙여 마무리한다.

겉지도 같은 방법으로 붙인다.

tip

1. 시접과 코드선이 보이는 쪽이 뒤쪽이다.
2. 종이가 찢어진 부분이 있을 경우는 여분 의 종이에 풀칠하여 찢어 붙인다.

꽃 문양 붙이기

1

꽃잎 5장을 적당한 크기로 손으로 찢어 둔다.

2

꽃잎 끝 부분을 손끝으로 잡아 주름을 만든
후 붙인다.

3

한 잎씩 붙여 나간다.

4

5잎을 붙인 후 노란 종이로 수술을 붙여 포
인트를 준다.

5

한 장을 찢어 빈 공간에 흩날리는 꽃잎처럼
붙여준다.

한지 입체 표지판

어느 날 저에게 작은 간판이 필요했어요. 그러던 중 작고
앙증맞은 간판을 보고 번뜩 떠올린 작품이에요.
한지와 합지로 만들 수 있겠다는 생각이 들었죠.
내 맘대로 사이즈를 정하고 글씨체도 만들고
배경도 꾸미고, 재미있게 작업한 작품이에요.
박물관 간판으로 올렸던 한지공예 간판이기도 하죠.
아크릴 물감으로 살짝 채색하여 색감을 줄 수도 있어요.

한지 입체 표지판

재료

합지, 지점토, 검은색 한지, 붓, 탈색 재료 (락스, 물, 행주), 칼, 커팅판, 가위, 자, 샤프, 접착제

글씨 작업하기

1

복사한 글씨를 준비한다.

2

글씨체에 맞춰 점토를 붙인다.

3

점토 글씨를 오려둔다.

4

오린 글씨를 재단된 합지에 붙인다.

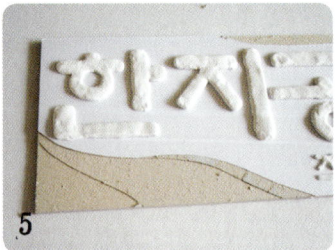

5

합지를 얇게 오려내어 꾸민다.

입체 표지판 탈색하기

1

글자를 붙인 합지에 풀칠을 한다.

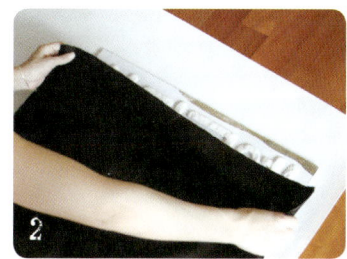

2

종이를 씌운다.

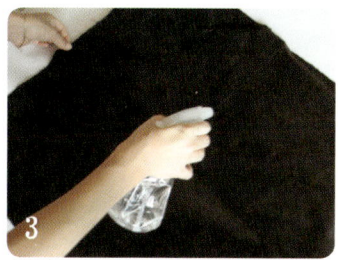

3

씌운 종이에 분무기로 물을 뿌린다.

4

잘 스며들게 손으로 비비고, 붓으로 콕콕 찍
어서 사이사이에 기포가 들어가지 않게 작
업한다.

- - - - - - - - - - tip - - - - - - - - - -

탈색 글씨 작업하기
종이컵에 락스:물=2:1로 희석시키고 면이
나 행주는 미리 둥글게 감아 고정시켜둔다.
탈색 물을 천에 찍은 다음 신문지 위에 대
고 물이 빠지게끔 탁탁 쳐준다. 거의 스며
들어갈 즈음에 판에 대고 밝게 표현하고 싶
은 부분에 비벼준다. 글씨가 밝은 황토색으
로 점점 변하는 것을 볼 수 있다.

韓紙

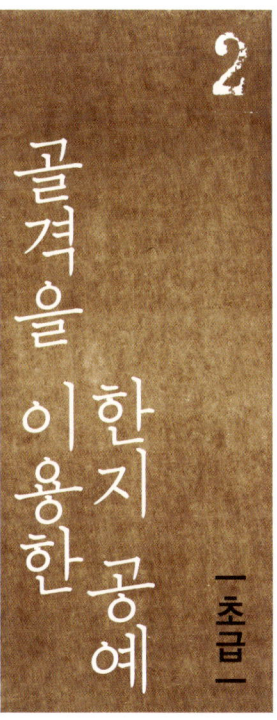

골격을 이용한 한지공예

2

─초급─

컵받침 만들기

여러 가지 색한지와 색 모시 한지의 포인트로
조화를 준 컵받침입니다. 중앙에 자연의 느낌을
담은 수제 한지가 색 한지와 어울려 따뜻한 느낌을
줍니다. 찻잔 위에 올린 따뜻한 차 한 잔의 여유!
내 손으로 만든 컵받침과 찻상이 어우러진다면
더욱 멋스럽겠죠.

컵받침 만들기(반제품 사용)

재료

컵받침 골격, 여러 가지 색 한지와 모시 한지, 수제 한지, 칼, 풀, 마감재, 자, 커팅판, 붓 , 접착제

만들기

1

골격을 조립한다.

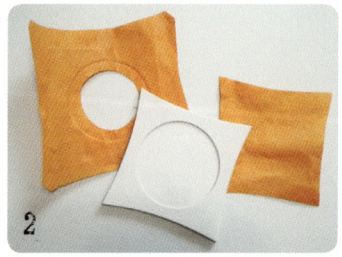

2

색지 재단 시 앞면은 골격보다 여유분을 두고 재단한다. 중앙에 원형을 없애고 칼선을 준다.

3

시접이 골격 뒤로 넘어가게 붙인다. 한지의 늘어남을 이용하여 곡선이 있는 부분은 당기면서 시접을 찢어가며 붙인다.

4

뒷면은 시접 없이 모양에 딱 맞게 재단하여 붙인다.

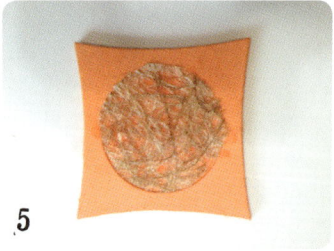

5

중앙에 수제 한지를 원형 모양으로 맞게 찢어 붙인다.

6

모시를 포인트로 중앙에 붙인다.

Hanji Art
Jung Eun ha
www. ehanji .com

명
함
케
이
스

모시 한지와 당초 문양으로 포인트를 준 소품 케이스예요.
당초 문양은 식물의 형태를 도안화한 문양이에요.
작고 귀여운 소품에 사용하기 좋습니다.
홈이 있는 부분과 작은 면같이 붙이기 힘든 부분은 도구를
이용하여 붙여주면 됩니다. 자연을 닮은 따뜻한 색감으로
만들어진 명함 케이스는 좋은 분께 선물로 그만이지요.
또한 거울을 붙여 실용적이고, 활용도를 높였습니다.
여러 가지 소품 케이스로도 활용해보세요.

명함 케이스(반제품 사용)

재료

명함 케이스 골격, 거울, 색한지, 모시 한지, 문양, 칼, 붓, 커팅판, 풀, 접착제

색지 붙이기

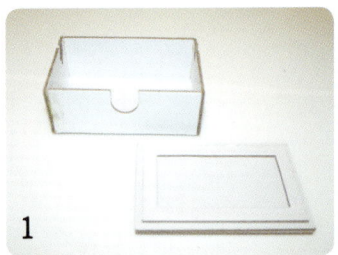

1

명함 케이스 골격을 조립한다.

2

뚜껑부터 문양이 들어갈 부분을 남겨 두고 색지로 겉면에서 안쪽 면까지 시접을 두고 붙인다.

3

세로 면도 붙인다.

4

몸체 겉면의 가로 면에 시접을 사방으로 두고 붙인다.

5

옆 세로면은 위, 아래 시접을 두고 붙인다.

6

바닥면은 시접 없이 모양에 딱 맞게 재단하여 붙인다.

7

안쪽 가로면은 옆, 아래 시접을 두고 붙인다.

8

안쪽 세로면도 시접을 아래로 내려붙인다.

9

바닥면은 시접 없이 모양에 딱 맞게 재단하여 붙인다.

문양 붙이기

문양 1

1

모시 한지를 재단해둔다.

2

한 면씩 붙인다.

3

세 가지 색상의 모시 한지를 조합해 붙인다.

4

뒷면에 색한지를 붙인다. 앞 · 뒤를 같이 붙여야 골격이 틀어지지 않는다.

5

완성

문양 2

1

문양 도안을 대고 양각으로 오려나간다.

2

다 오려낸 다음 케이스 뚜껑에 맞춰 보고 외곽 라인을 맞춘다.

3

오린 다음 붙인다.

4

홈이 있는 부분은 칼을 이용해 색지를 도려낸다.

5

거울 뒷면은 접착제를 이용해 붙인다.

문양

미니 경대

당초 문양 사이로 보이는 색 모시 한지의 느낌을
담았어요. 여러 가지 활용도가 높은 크기의 미니
경대로 작은 화장품을 보관하는 데 그만입니다.
도톰하게 배접한 주황의 한지로 문양 작업을 해서
입체감을 주었어요.
문양 작업을 하고 있으면 시간 가는 줄 모른답니다.
하지만 항상 조금씩 나눠서 작업하세요. 그리고
스트레칭도 잊지 마세요!

미니 경대(반제품 사용)

재료
경대 골격, 거울, 색한지, 모시 한지, 풀, 문양, 칼, 커팅판, 접착제

색지 붙이기(명함 케이스 색지 작업과 같음)

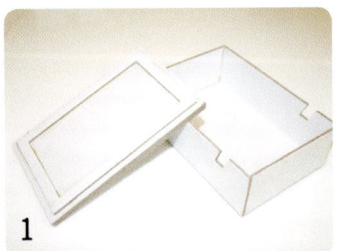

1

경대 골격을 조립한다.

2

뚜껑부터 문양이 들어갈 부분을 남겨 두고 색지로 겉면에서 안쪽 면까지 시접을 두고 붙인다.

3

세로면도 붙인다.

4

몸체 겉면의 가로면은 사방으로 시접을 두고 붙인다.

5

옆 세로 시접을 위·아래로 두고 붙인다.

6

바닥면은 시접 없이 모양에 딱 맞게 재단하여 붙인다.

7

안쪽 가로면은 시접을 옆, 아래로 두고 붙인다.

8

안쪽 세로면도 시접을 아래로 내려붙인다.

9

바닥면은 시접 없이 모양에 딱 맞게 재단하여 붙인다.

문양 붙이기

1 뚜껑에 조각 모시 한지를 붙인다.

2 양쪽에도 다른 색상의 모시 한지를 붙인다.

3 문양 작업하기(p.19 문양 작업 방법 참고)

4 양각으로 된 문양을 뚜껑에 알맞게 배치한다.

5 뚜껑에 붙인다.

tip

거울을 붙일 때는
완성된 경대가 완전히 건조된 다음 거울 뒷면에 접착제를 이용해 붙인다.

손거울

선물하기 좋은 아이템 중의 하나입니다.
손거울의 앞·뒷면의 색상을 다르게 색한지를
배합하고 여러 가지 작은 문양으로 작업하여
만들어보세요. 한지의 느낌을 한꺼번에 전할
수 있는 아이템으로 소중한 분께 선물하기 좋은
손거울입니다. 매듭으로 고리를 달고 비단 천에
담아 선물하세요.

손거울(반제품 사용)

재료

손거울 반제품, 거울, 접착제, 문양, 색한지, 칼, 풀, 주머니, 매듭

초배지 붙이기

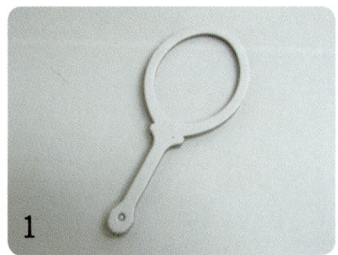

1

손거울 골격을 조립한다.

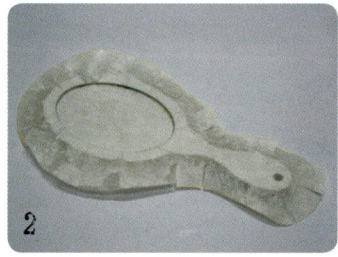

2

골격 둘레를 따라 시접 2.5cm를 두고 오린다. 오린 종이 둘레를 1cm 간격으로 살짝 가위집을 낸다.

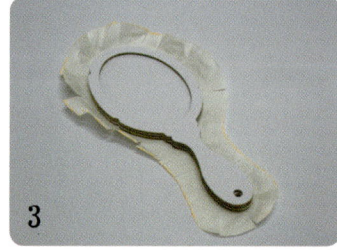

3

풀칠하여 골격에 붙인다. 이때 모서리 부분에 기포를 없애면서 붙인다.

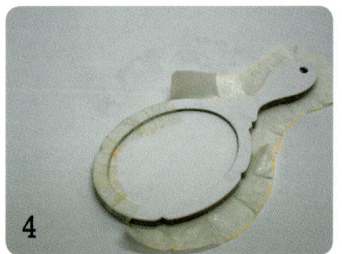

4

곡선 부분에는 주름이 생기지 않게 종이를 살짝 당기며 뜯어내어 주름 부분을 싹싹 손가락으로 문질러 밀착시킨다.

5

뒷면은 사이즈에 맞게 시접 없이 재단하여 딱 맞게 붙인다.

색지 붙이기

1

핑크색 색지를 골격 둘레에서 시접 2.5cm
를 두고 오린다.

2

둘레를 1cm 간격으로 가위집을 내어 골격
에 붙인다.

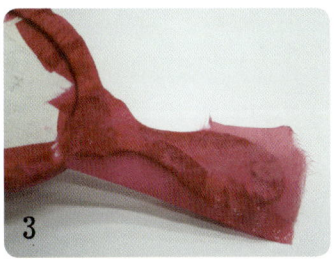

3

곡선 부분은 주름이 생기지 않게 색지를 살
짝 뜯어내면서 붙여나간다.

4

앞면이 완성되면 뒷면을 재단한다. 이때 뒷
면은 시접 없이 재단하여 딱 맞게 붙인다.

5

보라색 색지를 중앙에 붙인다.

나비 문양 붙이기

1

나비 문양을 잘 고정시킨 다음 중앙부터 오려낸다.

2

중앙부터 차츰 외곽으로 오려낸다.

3

더듬이 부분이 잘려 나가지 않게 조심스럽게 오린다.

4

외곽을 오려내어 문양을 완성한다.

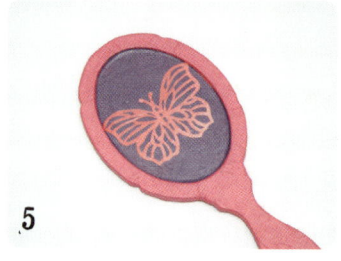

5

완성된 문양을 뒷면에 붙인다.

6

앞면에 거울을 붙인다.

7

구멍을 뚫어 매듭을 단다.

문양

문양 접시

접시는 한지공예의
가장 기초적인 작품입니다.
문양 작업도 색상 배합도 다양하게 할 수
있어, 현대적이거나 전통적인 방법으로
여러 개를 만들어보세요.
골격 재단부터 초배지 붙이는 순서를
익히면 다른 모든 소품들도
만들 수 있는 기본적인 작업입니다.

문양 접시

재료

합지, 초배지, 색한지, 문양, 칼, 풀, 붓, 접착제, 칼, 샤프, 커팅판

재단 및 조립하기

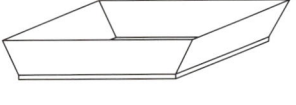

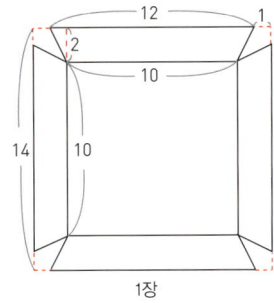

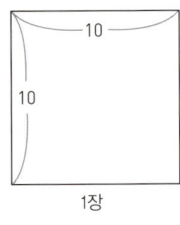

1

가로, 세로 14×14cm를 그려서 모서리를 가로, 세로 1cm씩 자른다.

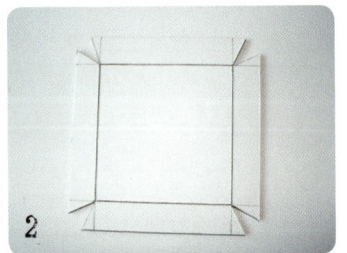

2

중앙의 10×10cm 그려서 반 칼선을 준다.

3

바닥 뒷면용으로 10×10cm을 한 장 더 준비하여 붙여 받침을 만든다.

4

양쪽 모서리에 접착제를 발라 잘 맞물리게 붙인다. 모서리 부분은 사선이라 접착제의 습기가 날아갈 때쯤에 손으로 눌러 붙인다.

tip

반 칼선이란?
합지가 잘려나가지 않게 반 정도 자르는 것으로 반 칼선을 주면 힘을 주지 않고 반대편으로 쉽게 꺾을 수 있다.

초배지 붙이기

안

마주 보는 면의 시접을 사방으로 두고 붙인다.

나머지 옆면의 시접은 아래, 위로 두고 붙인다.

바닥은 사각면에 맞게 붙인다.

겉

겉면은 옆, 아래로 시접을 주어 붙인다.

나머지 옆면은 아래로 시접을 주어 붙인다.

뒷면 바닥을 붙인다.

색지 붙이기

1 사방으로 시접을 두고 붙인다.

2 나머지 마주 보는 면은 밑면 아래, 옆면 뒤로 시접이 넘어가게 붙인다.

3 옆, 아래 시접을 두고 붙인다.

4 아래 시접을 두고 붙인다.

5 윗면 붙이고, 뒷면을 크기에 맞게 붙인다.

문양 붙이기

1 문양을 오려낸다.

2 접시 위판에 붙인다.

문양

육각과반

과반은 면이 육각으로 나눠져서 작업하기가
까다롭습니다. 하지만 다양하게 색상 배합을 하고
표현해본다면 또 다른 재미를 느낄 수 있습니다.
이번 과반은 모시 종이로 면을 채워가며 만들
거예요. 한지와 모시의 응용으로 이루어진 퓨전
한지공예라고 할 수 있죠. 종이와는 또 다른
색다른 매력을 느낄 수 있습니다. 한지는 모시와
너무나 잘 어울려 많이 응용하고 있어요. 그리고
육각과반은 각이 많아 손 작업이 많이 가지만,
크기별로 만들어보는 재미도 있답니다.

HOW TO 14
육각과반

재료

합지, 초배지, 색지, 모시 한지, 칼, 풀, 접착제, 각도기, 커팅판, 붓, 샤프, 자

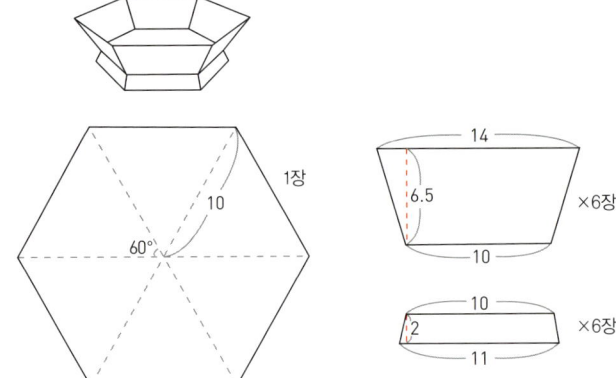

재단 및 조립하기

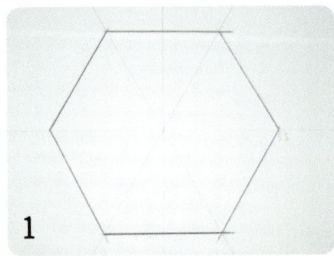

1

합지에 각도기와 자를 이용하여 6각을 재단
한 후 자른다.

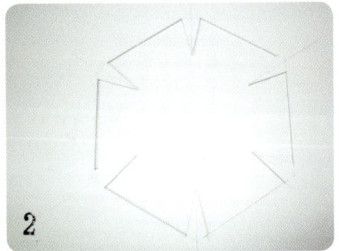

2

옆면을 사다리꼴로 6면을 그려서 자른다.

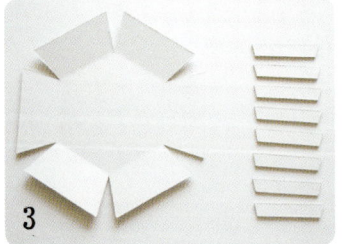

3

다리 부분도 재단하여 자른다.

4

밑면의 안쪽 부분에 접착제를 발라둔다.

5

사다리꼴의 옆면과 밑면에도 접착제를 바
르고 6각면 위에 모서리에 붙여나간다.

6

돌려가며 완성이 되면 다리 부분도 아래, 뒷
면에 붙여나간다.

7

완성되면 크기별로 재단이 가능하며, 팔각
으로도 가능하다.

초배지 붙이기

과반 겉

과반 바깥쪽부터 붙인다. 한 면을 1로 정하고 1, 3, 5면의 시접을 사방으로 두고 붙인다.

2, 4, 6면은 시접을 위, 아래로 두고 붙인다.

과반 안

시접이 과반 겉에서 안으로 넘어왔기 때문에 1, 3, 5면의 시접을 옆, 아래로 두고 붙인다.

2, 4 ,6면은 시접을 아래로 두고 붙인다.

바닥은 딱 맞게 붙인다.

다리 겉

1, 3, 5면의 다리 모서리에서부터 시작하여 시접을 옆, 뒤로 넘어가게 붙인다.

2, 4, 6면의 다리는 시접이 뒤로 넘어가게 붙인다.

다리 속

1, 3, 5면의 다리 끝 부분에서 시작하고 시접은 옆, 아래로 넘어오게 붙인다.

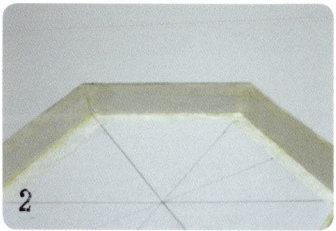

2, 4, 6면의 다리는 바닥으로 내려오게 붙인다.

과반 밑바닥은 딱 맞게 붙인다.

색지 붙이기

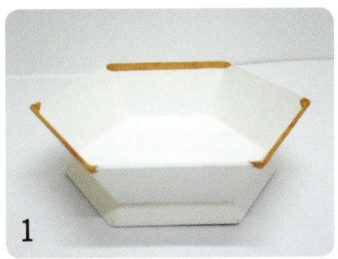

1

1, 3, 5 모서리 부분에 시접을 두고 색지를 붙인다.

2

2, 4, 6면은 딱 맞게 시접을 붙인다.

3

옆 모서리에도 색지 띠를 붙인다.

4

다리 부분에도 색지를 붙인다. (다리 부분은 초배지 붙이는 방법과 동일하다)

5

뒷바닥에 색지를 붙인다.

모시 붙이기 안쪽 면을 먼저 붙인 다음 겉면에도 같은 방법으로 붙인다.

1

각 면에 붙일 모시 한지를 재단해둔다.

2

칸에 맞게 붙인다.

3

6면에 모시 한지를 한 면씩 붙인다.

4

바닥면을 붙인다.

5

안쪽 면을 붙인 다음 겉면에도 같은 방법으로 붙인다.

6

모시 붙이기 완성

7

조각 모시로 포인트를 준다.

여닫이 보석함

●

서랍 만드는 방법을 익히는 데 유익한 여닫이
보석함이에요. 문이 열리면 또 다른 문이 나오는
신비한 여닫이 보석함 그리고 나비들의 향연으로
아름다운 보석함. 경첩으로 포인트를 주어 한층
더 고급스러움을 더합니다. 작은 서랍 작업하기가
힘들기도 해요. 서랍이 들어가는 공간에 한지
붙이기도 쉽지 않죠. 하지만 겉과 안을 다른
색상으로 배합해서 작업의 재미를 한층 더해주는
보석함이에요.

HOW TO 15
여닫이 보석함

재료

합지, 초배지, 색지, 문양, 풀, 접착제, 칼, 붓, 경첩, 나사, 드라이버, 자, 샤프, 커팅판

재단 및 조립하기

서랍

앞면은 붙이기 전에 홈을 오려낸다.

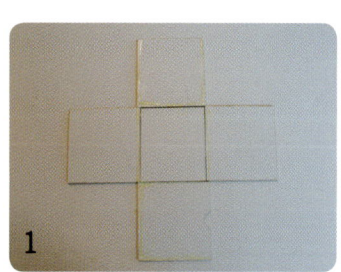

1

앞면 위쪽에 접착제를 발라둔다.

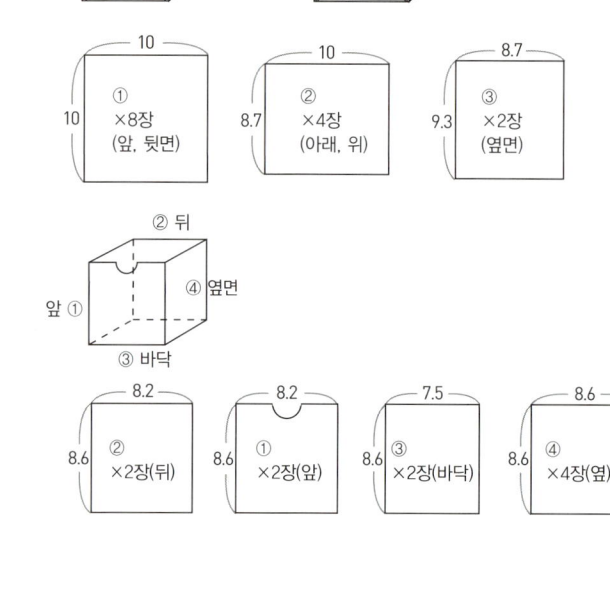

서랍 2개, 몸체 2개

①
(2겹씩)

②
③

10
10
①
×8장
(앞, 뒷면)

10
8.7
②
×4장
(아래, 위)

8.7
9.3
③
×2장
(옆면)

② 뒤
앞 ①
④ 옆면
③ 바닥

8.2
8.6
②
×2장(뒤)

8.2
8.6
①
×2장(앞)

7.5
8.6
③
×2장(바닥)

8.6
8.6
④
×4장(옆)

2

바닥면부터 붙인다.

3

옆면을 마주보게 붙인다.

4

뒷면을 붙인다.

몸체

몸체 앞, 뒷면은 2겹으로 미리 붙여둔다.

아랫면에 앞, 뒷면을 붙인다.

옆면을 붙인다.

윗면을 붙인다.

건조된 후 서랍을 끼워 본다. 서랍이 뻑뻑하지 않게 몸체에 넣었다 뺐다 할 수 있어야 한다.

동일한 방법으로 한 개를 더 만든다.

서랍과 몸체가 2개이기 때문에 재단할 때 2장씩 준비한다.

서랍 겉

1

서랍의 앞, 뒤 사방으로 시접을 두고 붙인다. 이때 모서리 부분은 ㄴ모양으로 찢어 붙인다.

2

마주 보는 옆면은 시접을 위, 아래를 두고 붙인다.

3

바닥은 시접 없이 사이즈에 맞게 붙인다.

서랍 안

1

서랍 안 앞, 뒤에 시접을 옆, 아래로 두고 붙인다. 아랫면의 모서리는 ㄴ모양으로 찢어 붙인다.

2

마주 보는 옆면은 시접을 아래로 두고 붙인다.

3

바닥은 시접 없이 사이즈에 맞게 붙인다.

몸체

몸체 겉

1

골격이 두꺼운 앞면부터 붙인다. 시접을 사방을 두고 붙인다.
앞으로 내려온 시접은 서랍 안으로 들어가게 밀어 붙인다. 마주 보는 뒷면도 붙인다.

2

옆면은 시접이 위, 아래(바닥면)로 내려오게 붙인다. 마주 보는 면도 붙인다.

3

위, 아래 면은 골격에 맞게 재단하되 시접은 서랍 안으로 들어가는 부분만 두고 시접을 서랍 안으로 밀어 붙인다.

몸체 안

1

옆면부터 시접을 옆, 아래로 내려오게 붙인다. 마주보는 면도 붙인다.

2

위, 아래 면은 시접이 아래로 내려오게 붙인다.

3

뒷면은 시접 없이 사이즈에 맞게 붙인다.

나비 문양 작업하기, 마무리 작업하기

1

여러 장의 한지를 문양 도안과 고정시킨다.

2

양각으로 문양 안쪽부터 바깥 방향으로 파 낸다.

3

마지막에 외곽 라인을 오린다.

4

파낸 문양을 다른 한지에 배접한다.

5

다시 배접된 한지를 0.1cm 라인을 남기고 파낸다.

6

완성된 문양을 보석함 앞면에 여러 각도로 붙인다.

6-1

7

띠로 마무리해준다.

8

마감재 작업을 한 다음 장석을 달고 마무리 한다.

tip

장석 달기 마감재 작업을 한 다음 완전히 마르면 장석을 단다.

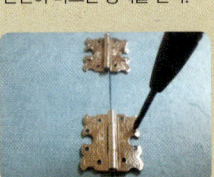

보석함이 흔들리지 않게 균형 을 잡아 장석의 위치를 정한다.

장석은 먼저 뒷면에 위치를 정 한 다음 경첩을 달고, 앞면도 장석을 단다. 나사가 작을 때 는 송곳으로 살짝 구멍을 낸 다음 드라이버로 나사를 돌려 주는 것이 요령이다.

문양

필통

사각 뚜껑이 있는 함으로, 필통이나 사이즈를
늘여 다른 용도의 함으로 사용할 수 있습니다.
양귀비꽃을 스케치하여 염색 한지를 찢어
붙여 표현한 사각함이에요. 찢어 붙여
표현하는 한지 그림은 손맛을 그대로 느낄
수 있습니다. 한지 찢어 붙이기는 부드럽고
자연스러워 꼭 물감으로 채색한 느낌을
줍니다. 주변에서 볼 수 있는 식물들을
간단하게 그려서 표현해보세요. 칼로 오린
것과는 또 다른 느낌을 받으실 거예요.

HOW TO 16
필통

재료

합지, 초배지, 색한지, 염색 한지, 풀, 붓, 커팅판, 칼, 샤프, 자, 접착제

재단 및 조립하기 사각함은 한지공예의 기본 틀이다. 사각함의 아래 함은 칸을 나눠 용도에 맞게 재단할 수 있다.

뚜껑

1 밑면 상자의 마주 보는 윗부분에 접착제를 바른 후 긴 사이즈를 붙인다.

2 양쪽 안쪽에 접착제를 발라 마주 보는 짧은 사이즈를 붙인 후 긴 면을 붙인다.

3 뚜껑은 밑면 상자보다 1.5cm 크게 재단한다.

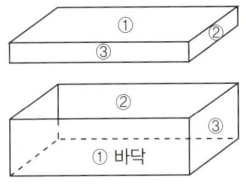

몸체

18.4
6.4
①×1장
(바닥)

바닥

19
8
②×2장(앞, 뒤)

6.4
8
③×2장
(옆)

뚜껑

20
8
①×1장(윗면)

7.4
3 ②×2장

20
3 ③×2장

몸체

몸체의 앞면 위에 옆면의 작은 면을 붙인다.

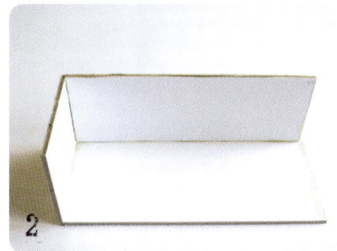

바닥면을 세워 붙인다.

나머지 옆면을 붙인다.

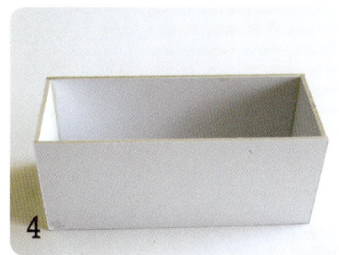

니미지 앞면을 닦는 듯 붙인나.

초배지 붙이기 (초배지와 색지 붙이는 과정이 같으므로 생략한다.)

색지 붙이기

뚜껑 겉

1

윗면은 사방으로 시접을 두고 붙인다.

2

옆 아래로 시접을 두고 붙인다.

3

아래로 시접을 두고 붙인다.

뚜껑 안

1

앞, 뒷면은 옆, 아래에 시접을 두고 붙인다.

2

옆면은 아래로 시접을 두고 붙인다.

3

바닥은 딱 맞게 붙인다.

몸체 겉

1

마주 보는 면은 시접을 사방에 두고 붙인다.

2

옆면은 시접이 아래로 내려가게 붙인다.

3

바닥은 맞게 붙인다.

몸체 안

1

옆, 아래로 시접을 둔다. 모서리 부분은 ㄱ자로 살라서 붙이기 편하게 재단해둔다.

2

마주 보는 면을 아래로 시접을 준다.

3

아래로 시접이 다 넘어왔기 때문에 바닥은 시접 없이 사이즈에 맞게 붙인다.

문양 붙이기

1. 원하는 꽃을 스케치한다.

2. 모양에 맞게 한지를 찢어둔다.

3. 꽃의 중앙부터 붙여나간다.

4. 한 잎씩 붙여 꽃을 완성한다.

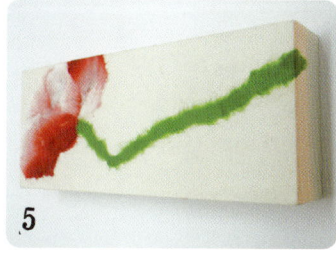

5. 줄기를 찢어 붙인다.

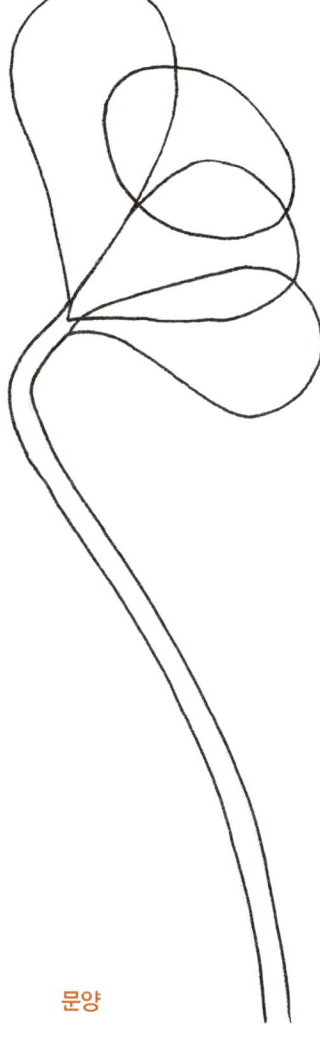

문양

책
꽂
이

한여름날에 시원한 날을 생각하며
한 잎 한 잎 붙여나간 초록 잎사귀.
기분을 시원하게 만들어주는 책꽂이입니다.
세트로 만들어 사용하면 더욱 좋습니다.

HOW TO 17
필통

재료

합지, 초배지, 색한지, 얇은 한지, 칼, 접착제, 풀, 자, 붓

재단 및 조립하기

1 사이즈에 맞게 재단한다.

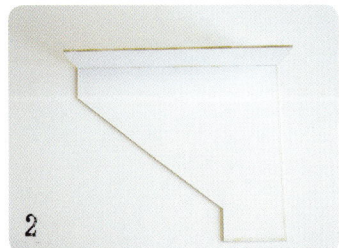

2 뒷면을 먼저 붙인다.

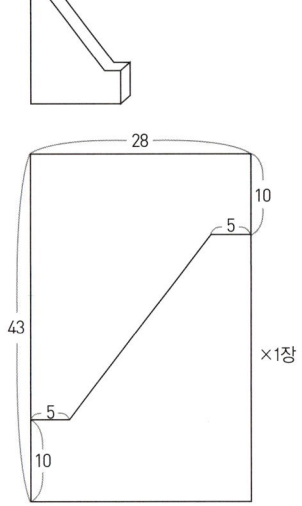

3 밑면을 붙인다.

4 나머지 옆면을 붙인다.

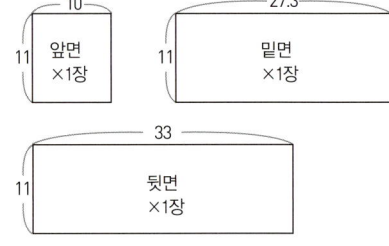

앞면 ×1장

밑면 ×1장

뒷면 ×1장

5 앞면을 마지막에 붙인다.

초배지 붙이기 (초배지와 색지 붙이는 과정이 같으므로 생략한다.)

108

색지 붙이기

겉

1

시접이 전체적으로 안쪽으로 넘어간다.

2

뒷면은 아래, 위로 시접이 안쪽 면으로 넘겨서 붙인다.

3

앞면도 아래, 위로 시접이 안으로 넘어가게 붙인다.

4

밑면은 꼭 맞게 붙인다.

안

1

앞면은 옆 사선이 맞게 시작해서 옆면과 아래 시접을 붙인다.

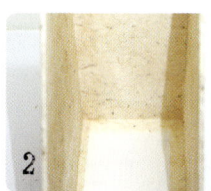

2

뒷면은 아래 시접만 접히게 붙인다.

3

앞면도 아래 시접만 내려오게 붙인다.

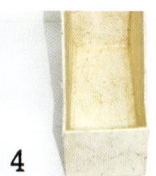

4

밑면은 꼭 맞게 붙인다.

꽃 문양 붙이기

1

꽃잎을 색상별로 찢어 둔다.

2

바깥 라인의 색상은 여린 색부터 붙여둔다.

3

찢은 색상은 안쪽으로 붙여 나간다.

4

마지막에 수술로 포인트를 준다.

완성

tip

꽃잎이 여러 겹 겹쳐 있을 때는 외곽 라인부터 붙여서 중심으로 들어오게 작업한다. 마지막 중심 포인트 색상은 다른 색으로 넣어주면 꽃이 더 선명해 보인다.

문양

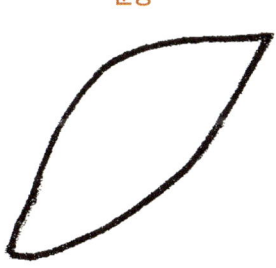

육
각
꽂
이

●

격자 문양으로 포인트를 주고 장석으로 손잡이를 달아
아기자기한 맛이 나는 육각꽂이에요.
뚜껑이 있어 소품함으로도 그만이죠.
전통 문양인 격자 문양으로 포인트를 주었어요.
문창살에 사용한 격자 문양을 제대로 활용한 작품이에요.
사이즈를 변형하여 크기별로 만들어
다양하게 활용해보세요.

HOW TO 18
육각꽂이

재료

합지, 초배지, 색한지, 문양, 장석, 풀, 자, 칼,
접착제, 붓, 커팅판, 샤프, 칼

재단 및 조립하기

몸체

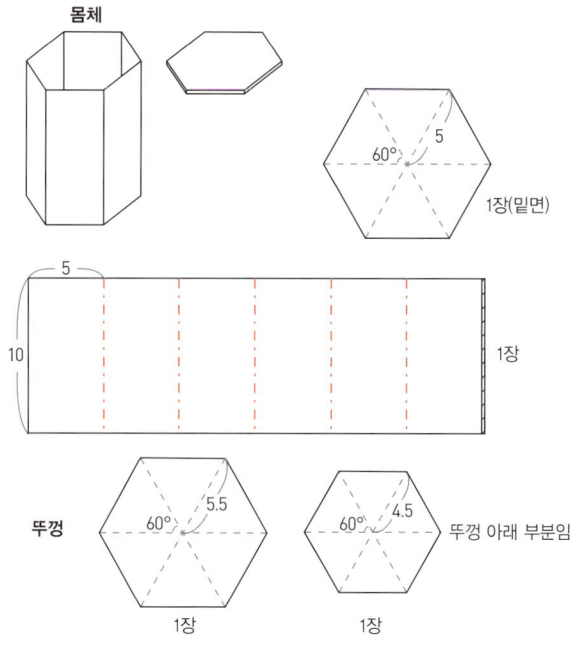

몸체

1장(밑면)

5

60°

10

5

1장

뚜껑

5.5

60°

1장

4.5

60°

뚜껑 아래 부분임

1장

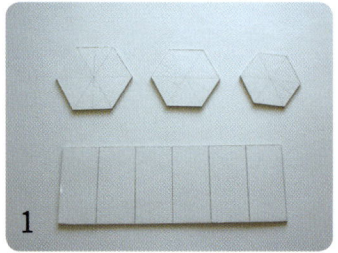

1

반 칼선을 주어 면을 6면을 만들고, 바닥과
뚜껑 2개를 재단한다.

2

몸체에 바닥 옆면이 붙을 자리에 접착제를
발라둔다.

3

6각의 바닥면 옆면에 접착제를 발라둔다.

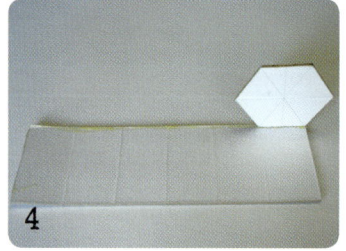

4

사각면의 옆면에 접착제를 발라 모서리를
맞물리게 돌려가며 붙인다.

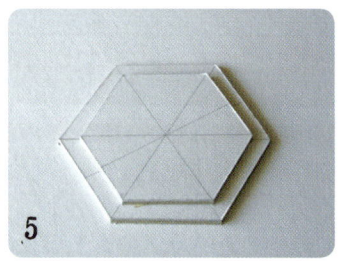

5

6각의 윗뚜껑과 작은 윗뚜껑을 재단하여 붙
인다.

6

뚜껑을 닫으면 완성

색지 붙이기

뚜껑

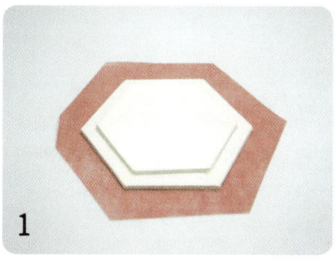

1

뚜껑 사이즈보다 3cm 둘레를 넓게 재단한다. 위에서 덮는 듯이 재단한다.

2

각을 잘 오려서 모서리 부분에 한지가 잘 들어가게 붙이고 종이가 겹치지 않게 재단하여 붙인다. 면이 겹치는 모서리 부분은 시접이 0.5~0.7cm를 두고 붙인다.

3

윗부분은 사이즈에 맞게 붙인다.

몸체 겉

1

1, 3, 5부터 사방 시접을 준다. 모서리를 미리 오려서 종이가 구겨지지 않게 붙인다.

2

2, 4, 6면은 위, 아래 시접을 두고 위 시접은 상자 속으로, 아래 시접은 바닥 아래로 내려가게 붙인다.

3

바닥은 사이즈에 딱 맞게 붙인다.

몸체 안

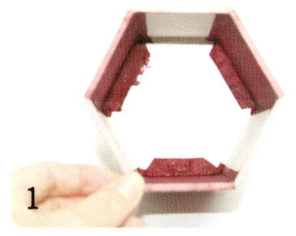

1

1부터 홀수로 1, 3, 5 먼저 양옆 시접, 아래 시접을 주고 붙인다.

2

2부터 2, 4, 6 옆 시접 없이 아래로 시접이 내려가게 붙인다.

3

바닥 사이즈보다 조금 적게 붙인다.

격자 문양 붙이기

뚜껑

1

흰 한지를 배접하여 도톰하게 만든 다음 격자 문양 작업을 한다.

2

다시 염색지에 배접하여 남기고 싶은 부분을 남겨서 문양 작업한다.

3

뚜껑 위판에 붙인다.

몸체

1

염색지를 배접한다.

2

격자 문양을 양각으로 파낸다.

3

골격 모양에 맞게 옆선을 자른다.

4

골격의 가로, 세로 크기에 균형을 맞춰 붙인다.

장석 붙이기

몸체와 뚜껑이 건조되면 마감재를 바른 다음 건조시킨 후에 윗뚜껑에 장석을 단다.
구멍을 낸 다음 나사를 넣고 윗부분에서 장석을 돌려 고정시킨다.

뚜껑

1. 위치를 정하여 송곳으로 구멍을 낸다.

2. 뒷면에서 나사를 돌려 윗면으로 올라오게 한다.

3. 윗면에서 올라온 나사에 장석을 돌려 단다.

4. 완성

몸체 문양

뚜껑 문양

韓紙

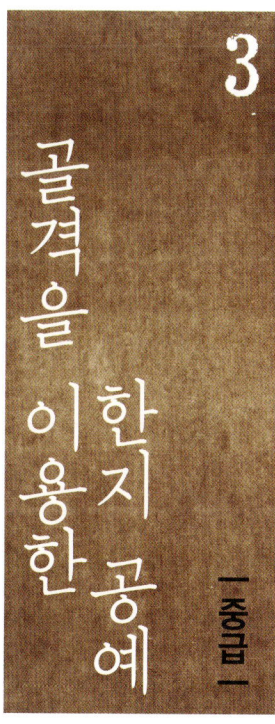

3

골격을 이용한 한지공예

| 중급 |

은은한 색감의 팔각 보석함

팔각 보석함은 작은 소품이지만 각이 잡혀 있어
소중한 것을 한아름 안고 있는 듯한 느낌이에요.
크기별로 만들 수 있어 선물용으로 좋은
아이템이에요. 미리 준비한 갈색 톤의 탈색 종이와
붉은색의 꽃이 은은하지만 화려함을 함께 담고
있습니다. 탈색 과정이 있어 더욱 은은한 색감을
자랑하는 팔각 보석함입니다.

HOW TO 19
은은한 색감의 팔각 보석함

재료

합지, 접착제, 칼, 장석, 색 한지, 초배지, 염색한지, 풀, 붓, 커팅판, 자, 샤프

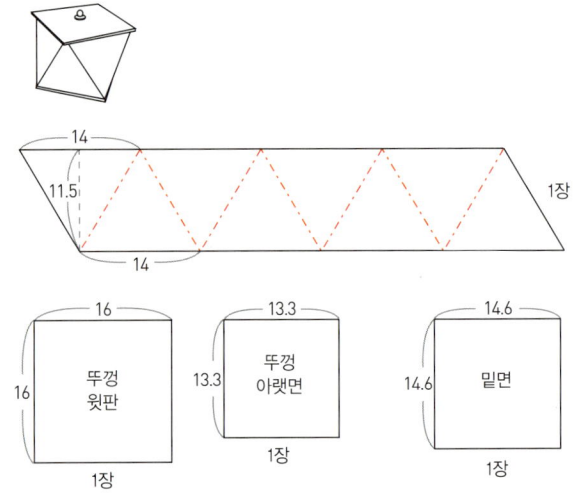

재단 및 조립하기

1

크기에 맞게 재단한다.

2

삼각형 모양으로 8면을 반칼선을 주어 꺾어
올린다.

3

조립하여 바닥 부분을 붙인다. 몸체 안쪽 아
래 부분에 접착제를 바르고 바닥 옆면에 접
착제를 발라 돌려가면서 붙인다.

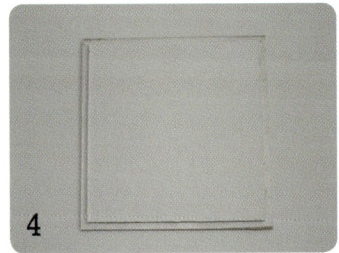

4

뚜껑 윗면에 크기가 작은 아랫면을 붙인다.

5

장석을 달 부분을 표시해둔다.

6

골격을 완성한다.

초배지 붙이기

겉

보석함 겉면에 밑면이 있는 1, 3, 5, 7을 정하고 3각형의 골격에 시접을 3면을 두고 붙인다.

2, 4, 6, 8은 위로만 시접을 둔다.

바닥은 맞게 붙인다.

안

윗면이 있는 1, 3, 5, 7면은 시접을 옆으로 두고 붙인다.

2, 4, 6, 8은 시접을 아래로 두고 붙인다.

바닥은 맞게 붙인다.

뚜껑

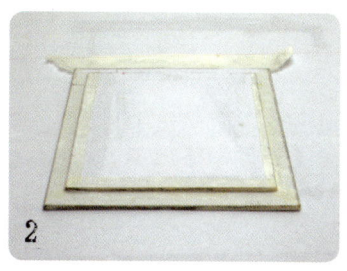

겉면에 종이를 대고 뒷면 모서리 위로 시접이 오게 재단하여 붙인다.

시접이 0.7cm 정도 겹치게 모서리 부분을 꼼꼼하게 붙인다.

안쪽의 작은 면에 맞게 재단하여 붙인다.

색지 붙이기 초배지와 색지 붙이는 과정은 같다.

겉

1

보석함 겉면에 윗면이 있는 1, 3, 5, 7을 정하고
3각형의 골격에 시접을 3면을 두고 붙인다.

2

2, 4, 6, 8은 아래로만 시접을 둔다.

3

바닥은 사이즈에 맞게 붙인다.

안

1

밑면이 있는 1, 3, 5, 7면은 시접을 옆, 아래
로 두고 붙인다.

2

2, 4, 6, 8은 시접없이 맞게붙인다.

3

바닥은 사이즈에 맞게 붙인다.

뚜껑

1 겉면에 종이를 대고 뒷면 모서리 위로 시접이 오게 재단하여 붙인다.

2 시접이 0.7cm 정도 겹치게 모서리 부분을 꼼꼼하게 붙인다.

3 안쪽의 작은 면에 맞게 재단하여 붙인다.

탈색하기

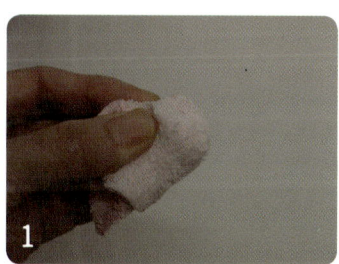

1 면 조각을 접어 끝을 둥글게 만든다.(p.20 한지 탈색하기 참고)

2 붙인 색지를 잘 건조시킨 후 원하는 곳에 락스 물을 적신 면 조각을 쓱쓱 문지른다.

3 반복하여 원하는 곳을 더 밝게 작업한다.

문양 붙이기

여섯 장의 한지를 꽃잎 모양으로 찢어둔다.

골격에 맞게 위치 정한다.
이때 뚜껑을 닫아 놓은 채로 꽃잎을 붙여나
간다.

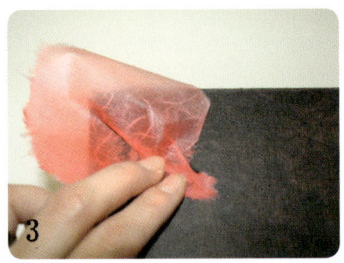

모서리 부분부터 꽃잎의 끝에서 주름을 잡
아서 붙인다.

옆으로 한 잎씩 붙여나간다.

다섯 잎을 붙인 다음에 노란 한지로 수술을
만들어 붙인다.

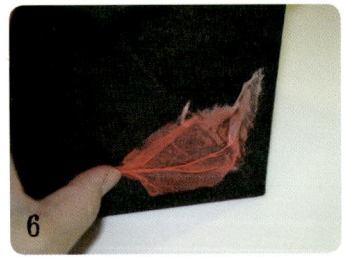

아랫부분에 흩날리는 꽃잎 느낌이 나도록
붙인다.

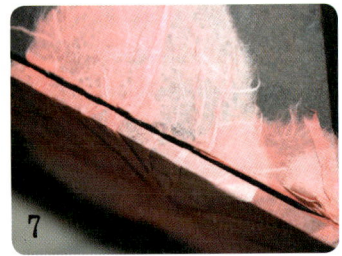

건조되면 뚜껑 부분과 몸체 부분을 칼로 오
려 분리시킨다.

장석 달기 마감재 작업을 한 다음 장석을 단다.

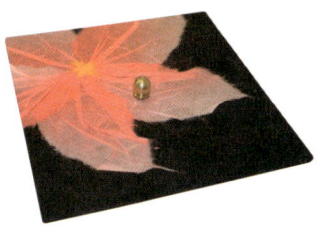

뚜껑에 위치를 정한 다음 구멍을 낸 후 뒷면에서 나사를 꽂아 윗면으로 나사가 올라오게 한다.

윗면에서 장석을 돌려 완성한다.

문양

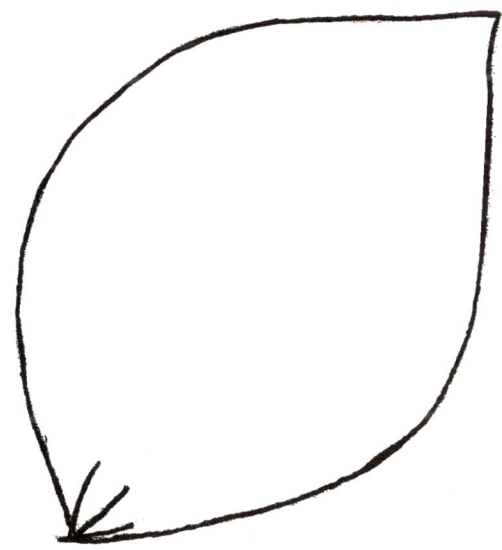

사각 찻상

바람에 흩날리는 꽃잎 따라 내 마음도 설렙니다.
손때가 묻을수록 더 은은한 맛이 배어나는
한지 찻상으로 다리 부분의 디자인을 조금
변형하면 나만의 찻상을 만들 수 있습니다.
한지공예 강의를 할 때 가장 사랑받는
작품이기도 해요. 마감재로 마무리하면 행주로
닦아도 이상 없이 사용할 수 있는 실용성이 좋은
찻상입니다. 단 물이 고이지 않게
소중히 다루어야 합니다.

사각 찻상

재료

합지, 초배지, 탈색 한지, 염색 한지, 칼, 접착제, 풀, 자, 샤프

재단 및 조립하기

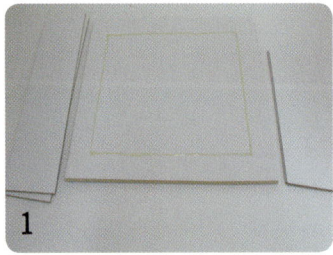

1

합지 모서리부터 시작하여 재단한다. 상판 한 장을 오린 다음에 접착제를 바른 후 합지 에 붙인 다음, 같은 크기로 자른다.

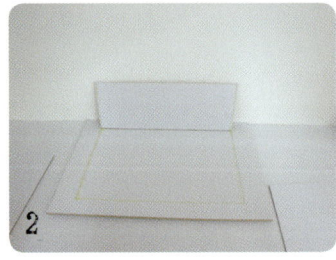

2

상판 뒷면에 다리가 붙을 부분을 그려서 접 착제를 발라 긴 다리를 붙인다.

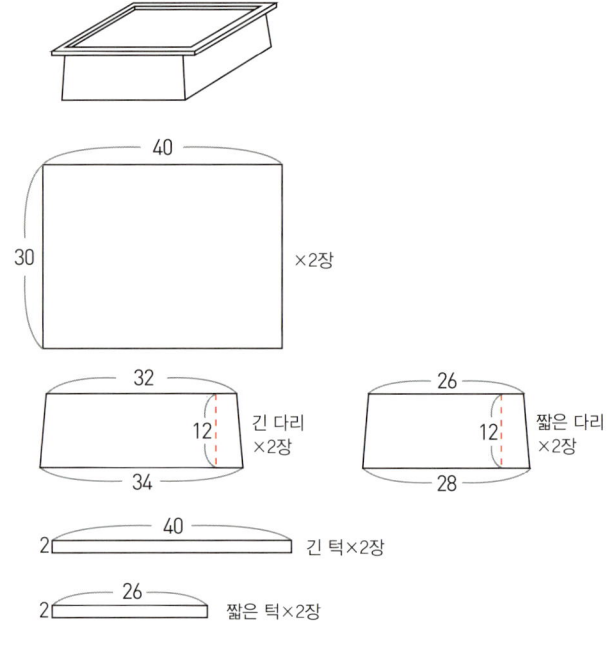

40
30
×2장

32
12 긴 다리 ×2장
34

26
12 짧은 다리 ×2장
28

40
2 긴 턱×2장

26
2 짧은 턱×2장

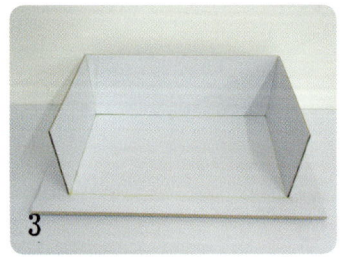

3

짧은 다리를 모서리가 잘 맞물리도록 붙인 다.

4

마지막에 긴 사이즈 다리를 붙여 완성한다. 다리 모양은 변형이 가능하다.

5

찻상 뒷면이 완성되면 엎어서 상 위판에 턱 을 만든다. 가로 세로 재단하여 모서리 부분 을 사선으로 재단하여 붙인다. 이때 턱이 붙 을 자리에 접착제를 바르고 턱에도 접착제 를 발라 붙인다. 골격이 틀어지지 않게 잘 고정시킨다.

초배지 붙이기 초배지와 색지 붙이는 과정이 같으므로 생략한다.

색지 붙이기

위턱

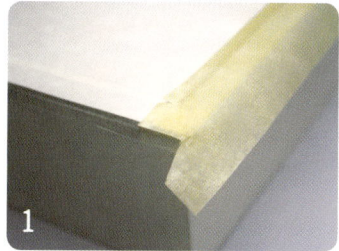

1

찻상 위턱에 초배지를 붙인다(긴 면 – 짧은 면). 사방으로 시접을 두고 시접이 상판 턱 아래, 상 아래로 붙인다.

2

긴 턱부터 마주 보는 면을 붙인다.

3

짧은 턱선은 시접이 상판 턱 아래, 상 아래로 붙인다.

4

상을 뒤집어서 상 모서리 끝부분에서 시작하여 다리와 맞물리는 모서리 아래로 시접이 내려오게 붙인다.

5

세로 면도 마주 보게 시접을 다리 모서리 부분까지 내려오게 붙인다(위판과 다리가 연결되는 부분에서 1cm 내려오는 부분까지 붙인다).

다리

1

긴 다리 시접은 양 옆으로 1cm씩 다리 안쪽으로 시접이 들어가게 붙인다(마주 보는 면끼리 붙인다).

2

짧은 다리는 안으로 들어가는 시접만 붙인다.

3

다리 안쪽 사이즈는 다리 끝부분에서 시작하여 양 옆선과 상판 아래로 시접이 내려오게 붙인다.

4

짧은 다리는 끝선에서 시작하여 아래로 시접이 내려오게 붙인다.

5

상판 뒷면은 사이즈에 맞게 붙인다.

위상판

상판을 붙인다.

tip

미리 전면에 풀칠을 하지 않고 10cm 정도 뒷면에 풀칠하여 붙인 다음 뒤집어서 다시 풀칠하여 사이즈를 잘 맞춰 붙인다. 위판이 넓을수록 한 번에 풀칠하지 말고 10cm 정도 먼저 풀칠하여 붙인 다음 뒤집어서 풀칠하며 붙이는 과정을 반복한다. 넓은 면은 이렇게 작업하면 늘어남과 구겨짐을 방지할 수 있다.

tip

한지는 물이나 풀을 바르면 늘어나기 때문에 빠른 시간에 붙인다.
찻상 속지는 붉은색이나 겉지 색깔과 분위기를 맞춰서 선택하면 된다.

꽃 문양 붙이기

1. 꽃 모양을 스케치한 후 꽃잎이 붙을 자리에 송곳으로 찍어 자리를 정한다.

2. 한지를 찢어 한 잎 한 잎 주름을 잡아 붙인다.

3. 사방을 먼저 붙인 다음 사이를 채워가는 방법으로 붙여나간다.

4. 겉 라인을 붙인 다음 안쪽으로 붙어나간다.

5. 미지막에 제일 진한 색상을 중앙에 붙인다.

6. 노란색 한지로 수술을 붙여 마무리한다.

문양

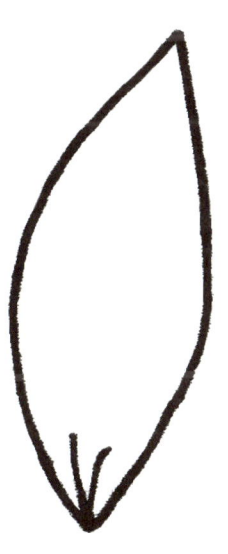

쟁
반

한지공예의 기본 면 나누기를 익히기에는 쟁반 만들기가 도움이 됩니다.
저는 처음 한지공예를 접하는 분께 접시 다음으로 쟁반 만들기를
권합니다. 여러 사이즈의 사각면을 조합하여 골격을 만들고
여러 다양한 문양을 이용할 수 있는 쟁반이에요.
문양뿐만 아니라 그림을 그려서 넣으면 마치 액자 같은 느낌을
줄 수 있습니다. 인테리어 효과를 줄 수 있는 벽걸이 장식품으로도
활용이 가능합니다. 문양 배접과 여러 가지 색 배합도 재미있는 쟁반,
여러 가지 문양을 응용하여 만들어보세요.

HOW TO 21
쟁반

재료

합지, 칼, 접착제, 초배지, 색한지, 문양, 풀, 붓, 자, 커팅판, 샤프

재단 및 조립하기

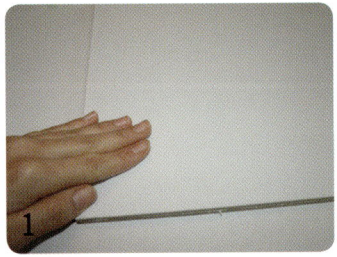

1

쟁반의 몸체가 될 합지 두 장을 붙인다.

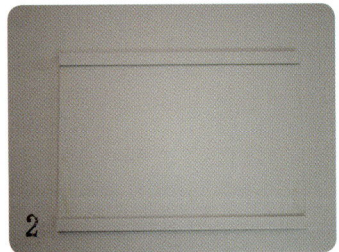

2

위판 턱이 될 부분을 긴 사이즈부터 두 겹을 붙인 다음 몸체에 접착제를 발라 붙인다.

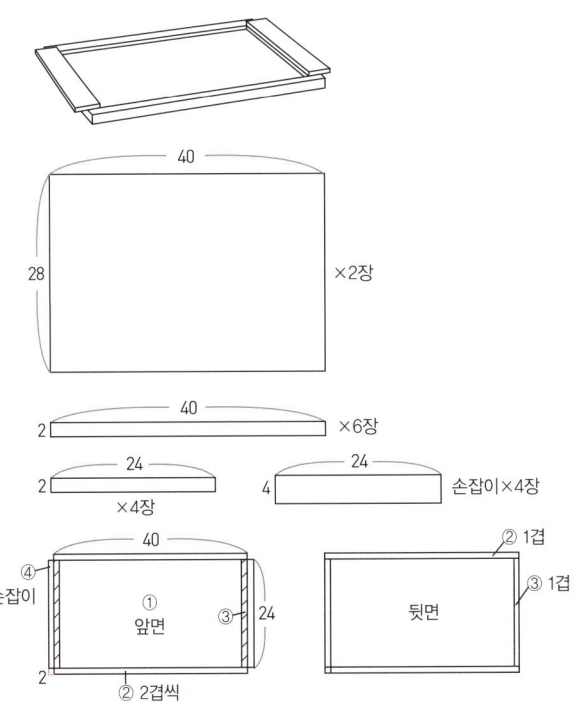

40
28
×2장

40
2
×6장

24
2
×4장

24
4
손잡이×4장

40
④ 손잡이
① 앞면
③
24
2
② 2겹씩

② 1겹
③ 1겹
뒷면

3

짧은 턱 사이즈를 붙인 후 마주 보는 면도 붙인다.

4

손잡이도 두 겹으로 붙인다.

5

뒷면의 턱도 긴 사이즈부터 마주 보는 면을 붙이고 사이에 짧은 면을 붙여 완성시킨다. 면이 여러 겹 많이 붙기 때문에 울퉁불퉁해 질 수 있기 때문에, 최대한 면의 사이즈를 잘 맞추어 붙여나간다. 면이 겹치는 옆면은 칼로 다듬어준다.

색지 붙이기

쟁반 앞면

시접을 사방으로 두고 상판 아래 손잡이 옆면, 뒷면으로 넘어가게 붙인다(모서리 부분은 ㄴ모양으로 미리 찢어서 종이 뭉침이나 주름을 최대한 없앤다).

가로로 긴 턱은 시접을 아래, 뒷면을 두고 옆선은 턱 선에 맞춰 재단하여 붙인다.

상판은 사이즈에 맞게 붙인다.

쟁반 뒷면

손잡이 뒷면은 시접이 끝난 턱 부분으로 시작으로 시접이 쟁반 상판 아래까지 내려오게 재단하여 붙인다. 마주 보는 부분 손잡이 부분을 같은 방법으로 한다.

가로로 긴 턱은 시접이 끝난 턱 부분으로 시작으로 상판 뒷면 아래로 시접이 내려오게 붙인다.

뒤판은 상판 사이즈에 맞게 붙인다. 골격이 겹친 면이 많아 초배지를 두 번 발라주면 골격이 더욱 튼튼하고 겹친 골격면도 가릴 수 있다.

당초 문양 작업하기

1

한지를 겹쳐서 고정시킨 다음 안쪽부터 파
낸다.

2

바깥쪽의 문양을 파낸다(남기고 싶은 부분
을 남겨도 좋다).

3

바깥 선을 파낸다.

4

색상별로 문양을 완성시킨다(다른 작품에
응용 가능).

5

배접할 색상을 고른다.

6

바닥에 한지를 넓게 깔고 풀칠을 한다.

7

손가락으로 떨어지지 않게 조심해서 붙인
다. 남기고 싶은 부분을 선택한 후 문양의
바깥쪽과 안쪽을 파낸다.

바닥 문양

쟁반 문양 작업

적당한 문양을 선택하여 손잡이 부분의 문양 작업을 한다. 배접한 후 문양 작업을 계속한다.

쟁반의 중앙을 표시하여 둔 곳에 문양을 붙인다. 이때 문양은 배접이 되어 있기 때문에 문양 뒤쪽에 풀칠을 하여 붙인다.

완성된 문양을 골격에 맞춰서 붙인다.

손잡이 쪽의 문양도 붙인다.
(이 때 필요한 부분만 오려서 사용한다.)

띠 두르기

문양 작업을 끝낸 후 어울리는 색상의 한지를 넓이 0.5cm씩 오려둔다.

모서리 부분 골격에 풀칠을 하여 띠를 붙인다.

깔끔하게 마무리한다.

손잡이 문양

보
석
함

●

핑크와 블루 계열을 조합하고, 중앙의 장석으로
포인트를 주었습니다. 사랑스러운 느낌의 당초
문양을 담은 보석함에 나만의 소중한 기억을
담아보세요. 이번 보석함의 당초 문양은 채움과
비움이 포인트예요. 설렘이 가득한 보석함에
나만의 보물들을 하나씩 채워가세요.

보석함

재료

합지, 초배지, 색한지, 경첩, 나사, 드라이버, 풀, 접착제, 붓, 커팅판, 자, 샤프

재단 및 조립하기

뚜껑

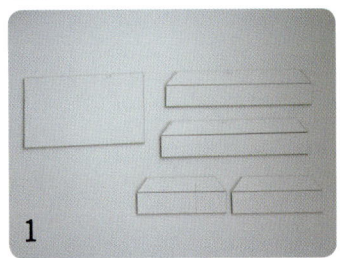

1

사이즈에 맞게 재단한다.

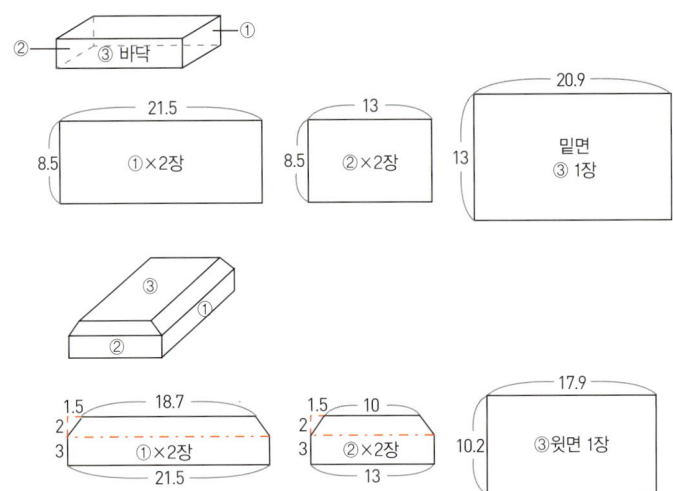

2

꺾이는 면은 반칼선을 준다.

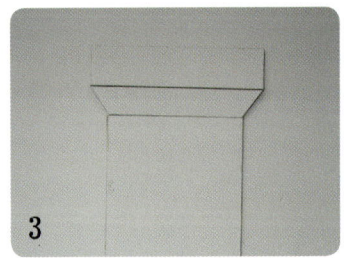

3

사각면 모서리에 접착제를 발라 짧은 사이즈부터 붙인다.

4

긴 사이즈를 붙여 완성한다.

몸체

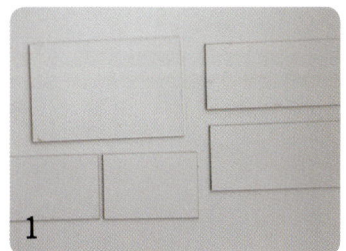

사각함 골격을 재단한다.

사각면 테두리 윗부분에 접착제를 바른다.

짧은 사이즈 면을 사각면 윗부분에 붙인다.

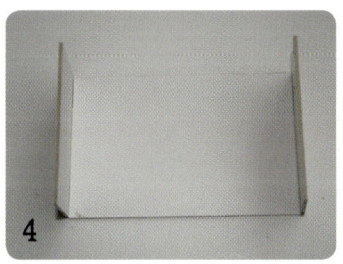

마주 보는 면도 붙인다.

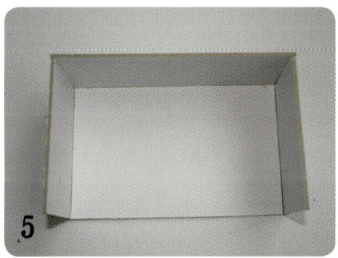

긴 면을 아래면 사각면 위에 붙인다.

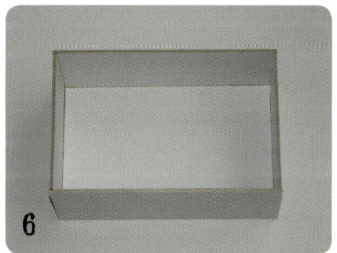

마주 보는 면도 붙인다. 서로 모서리가 잘 맞물리게 붙인다.

초배지 붙이기

뚜껑 겉

윗면을 시접을 사방으로 아래로 두고 붙인다.

사다리꼴의 긴 면은 시접을 옆, 아래로 두고 붙인다. 마주 보는 면도 붙인다.

사다리꼴의 짧은 옆면은 시접을 아래로 두고 붙인다.

직사각의 앞면은 시접을 옆, 뚜껑 안으로 넘어가게 붙인다.

직사각의 짧은 옆면은 시접을 뚜껑 안으로 넘어가게 붙인다.

뚜껑 안

초배지를 모양에 맞게 재단을 한다. 시접은 옆, 아래 바닥으로 시접을 둔다. 겉 초배지에서 두 면을 나눠서 작업한 부분을 한 면으로 재단하여 붙인다.

옆면도 시접이 아래 바닥으로 내려오게 재단하여 붙인다.

바닥은 사이즈에 맞게 붙인다.

몸체 겉

1
앞, 뒷면은 시접을 사방으로 두고 붙인다.

2
옆면은 시접을 위, 아래로 내려가게 붙인다.

3
바닥은 맞게 붙인다.

몸체 안

1
앞, 뒷면은 시접이 옆, 아래로 내려가게 붙인다.

2
옆은 시접이 아래로 내려가게 붙인다.

3
바닥은 맞게 붙인다.

색지 붙이기 몸체 초배지 붙이는 과정이 같다.

뚜껑 겉

1

윗부분을 시접을 사방으로 두고 붙인다.

2

꺾인 사다리꼴과 직사각형 면을 한 번에 재단하여 붙인다. 시접은 옆, 뚜껑 아래로 들어가게 두고 붙인다.

3

옆면의 짧은 사다리꼴 면과 직사각 면을 한 번에 재단한다. 시접은 뚜껑 아래로 들어가게 붙인다.

> **tip**
> 면이 많이 나눠져 있는 작업을 할 경우는 요령이 생기면 두 면을 한번에 붙여도 무관하다.

뚜껑 안

1

뒤집어서 뚜껑 끝부분에 맞춰서 시접이 옆, 아래로 내려오게 붙인다. 겉에서 두면을 나눠서 작업한 부분을 한 면으로 재단하여 붙인다.

2

옆면도 시접이 아래 바닥으로 내려오게 재단하여 붙인다.

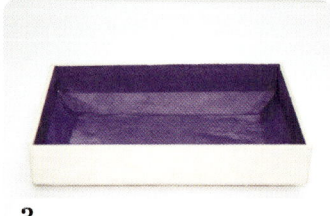

3

바닥은 사이즈에 맞게 붙인다.

당초 문양 작업하기

1

문양을 준비한다.

2

사용될 색상의 한지를 겹쳐서 고정시킨다.

3

안쪽부터 오려낸다.

4

문양을 완성한다.

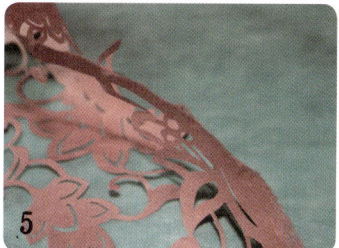

5

오려낸 문양을 다른 색 한지에 배접한다. 이 때 칼로 파낸 문양한지가 얇기 때문에 아래 넓은 면적의 한지에 풀칠을 하여 위에서 파낸 문양을 붙인다.

6

다시 원하는 부분을 파낸다.

7

원하는 문양을 완성한다.

8

완성된 문양을 골격에 맞게 붙여 나간다.

tip

곡선 문양 작업 시에는 종이를 돌려가면서 오리면 한결 편하게 작업할 수 있다.

장석 달기 마감 처리를 한 다음 장석을 단다.

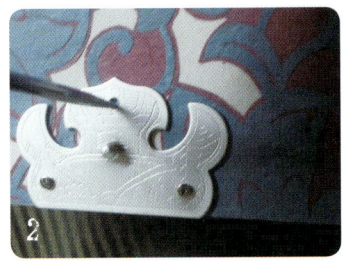

장석을 달 곳의 위치를 살짝 표시한 다음 나사가 들어갈 부분에 송곳으로 살짝 구멍을 뚫은 다음 뒷부분에서 나사를 돌려 경첩을 단다.

앞부분의 장석도 자로 중앙의 위치를 잰 다음 나사를 이용하여 단다. 장석을 달 때는 힘을 너무 주면 틀이 틀어질 수 있으므로 주의한다.

팔각 찻상

옛 선조의 숨결이 깃든 팔각 형태의 상 골격에
전통 문양을 입힌 팔각 찻상이에요. 언제 어디서나
내놓아도 멋스럽게 느껴진답니다. 종이 골격에
한지로 만든 찻상이라고 말하면 모두 믿어지지
않는다며 다시 되물어보죠. 한지로도 이렇게
가구로 사용할 만큼 견고하게 만들 수 있습니다.
또한 마감재로 마무리를 하기 때문에 행주로 닦아
사용하는 실용성을 갖추고 있어 실생활에서도
유용하게 사용할 수 있습니다.

HOW TO 23
팔각 찻상

재료

합지, 초배지, 색한지, 문양, 물감, 붓, 풀, 접착제, 칼, 커팅판, 자, 샤프

재단 및 조립하기

합지에 팔각으로 각도기를 이용해 각을 잡아 재단한다.

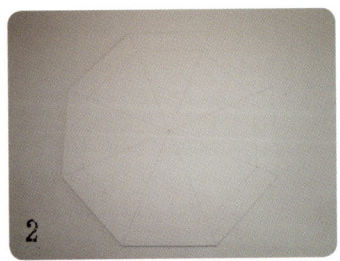

크기는 연장선을 이어 사이즈를 정한다. 다양한 사이즈로 만들 수 있다.

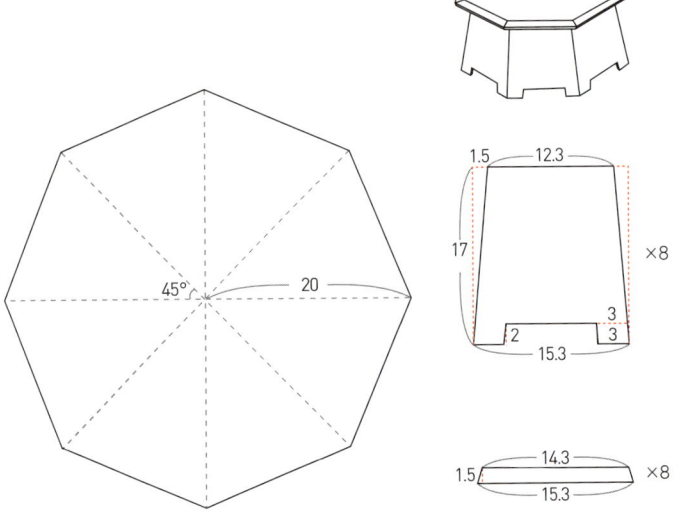

다리는 사다리꼴로 8면을 그리고 재단한다.

다리가 붙을 곳을 표시한 후 다음 접착제를 발라둔다.

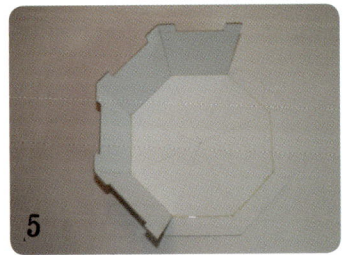

다리 옆면과 상에 붙을 면에 접착제를 발라 하나씩 돌려가며 붙여나간다.

6

팔각 찻상 몸체 완성

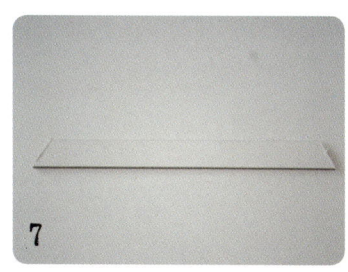

7

턱 부분을 8개 재단해둔다. 이때 맞물리는
부분을 사선으로 재단해준다.

8

상 위판 끝부분 턱이 붙을 자리에 접착제를
발라두고 턱이 되는 면에도 접착제를 발라
하나씩 붙여 나간다.

9

팔각 찻상 골격 완성

tip

골격 조립이 완성되면 평평한 곳에 두고 흔
들림이 있는지 확인하고 틀이 틀어지지 않
게 고정시켜둔다.

초배지 붙이기 초배지와 색지 붙이는 과정이 같으므로 생략한다.

색지 붙이기

턱 턱 부분부터 재단한다.

1

8각이기 때문에 4장을 턱 모양으로 사다리꼴에 맞춰 시접을 사방으로 주면서 붙인다.

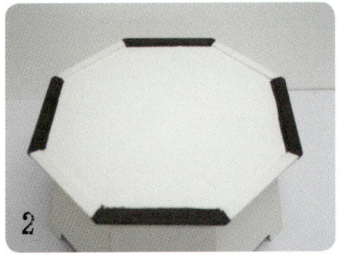

2

각 면에 순서를 두고 1, 3, 5, 7 순으로 먼저 시접이 있는 턱 부분부터 붙인다.

3

2, 4, 6, 8의 턱은 아래(상판), 뒤(상판 뒷면) 시접만 두고 붙인다.

4

한 면을 1로 정하고 시접이 넘어온 모서리부터 1, 3, 5, 7 부분의 각부터 작업한다. 턱 뒷면 시작 부분에서부터 시작하여 시접이 옆, 아래 맞물리는 모서리까지 시접이 내려오게 붙인다.

5

2, 4, 6, 8은 아래 다리로 내려오는 시접만 두고 붙인다.

다리 겉

1 사다리꼴의 다리 모양을 1, 3, 5, 7 다리의 시접은 옆면으로 붙이고, 상 안으로 들어가는 시접은 안쪽 면에 붙인다.

2 2, 4, 6, 8 면의 시접은 상 안으로 넘어가서 안쪽 면에 시접을 붙인다.

다리 안

1 1, 3, 5, 7 겉에서 넘어온 시접이 있는 끝 부분부터 시작하여 붙이고 시접은 옆, 바닥으로 내려오게 붙인다.

2 2, 4, 6, 8은 상 끝에서 시접이 바닥으로 내려오게 붙인다.

3 아래 상판 바닥은 맞게 붙인다.

4 위판 상판을 끝으로 붙인다.

tip

바닥을 재단할 때는 다른 종이를 속에 넣어서 눌러서 선을 찾아서 오려둔 다음에 한지 위에 대고 오려서 붙인다. 오리기 힘든 부분은 달력 종이나 도톰한 종이를 이용하여 모서리에 눌러서 오려둔 다음 색한지 위에 올려 오려내서 사용한다. 각이 진 부분이나 과반 등에 이용하기 편리하다.

팔각 찻상 다리 문양 작업하기

문양을 준비한다. 갈색의 한지를 작업한다. 여러 장의 문양을 완성한다.

흰 초배지에 배접한다. 채색을 하기 때문에 흰색 한지에 배접한다.

채색하기
(준비물 : 문양, 물감, 붓, 접시)
흰 부분에 어울리는 색상으로 채색한다. 처음 해보는 분은 수채화 물감이나 한국화 물감 모두 가능하며 작은 붓으로 물기를 많이 사용하지 않고 채색한다.

채색이 완성되면 건조시킨 다음 찻상 골격의 모양에 맞게 테두리를 오려서 띠를 둘러 마무리한다.

팔각 찻상 위판 문양 작업하기

문양 작업을 한다.

문양 뒷면에 한지를 찢어서 붙인다. 마치 채색을 한 듯한 느낌이다. 문양 표현 방법에는 여러 가지가 있는데 문양을 그대로 파내거나 한지를 찢어내서 표현하거나 채색을 하는 등 본인이 마음에 드는 작업을 하면 된다. 여러 가지 방법으로 시도를 해보는 것도 한지공예를 하는 재미가 될 것이다.

색상이 완성되면 문양에 맞게 칼로 파낸다.

테두리에 맞게 잘라낸 후 위판에 붙인다.

다리 문양

위판 문양

티슈 케이스

한지의 변신을 다시 한 번 경험하게 해주는
작업이에요. 지점토와 한지의 접목으로 만든 퓨전
한지공예인 티슈 케이스로 한지의 주름과 탈색 과정을
통해 완성된 작품입니다. 지점토를 미리 나뭇잎
모양으로 만들어 건조시켜둔 다음 살짝 물기를 주어
사용해도 되고 바로 만들어 살짝 건조되었을 때
접착제로 골격을 붙인 후 작업합니다. 탈색 한지의
은은한 색감에 살짝 주름이 접힌 자연스런 느낌은
단조로움을 피하고 나무 속에 잠들어 있는 나뭇잎은
오랜 시간을 말하듯 한지의 깊이를 더합니다.
여러 가지 소품에도 응용해보세요.

HOW TO 24
티슈 케이스

재료

합지, 접착제, 초배지, 검은색 한지, 탈색 재료(락스, 물, 행주), 지점토, 붓, 칼, 커팅판, 자, 샤프

재단 및 조립하기

1

몸체와 뚜껑을 재단한다.

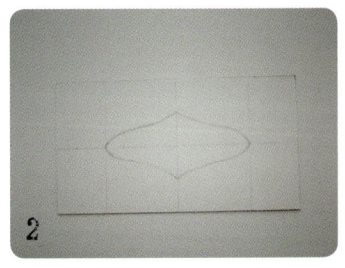

2

투각할 윗면 뚜껑 부분을 미리 그려둔다. 투각 부분의 모양은 다양하게 변형할 수 있다.

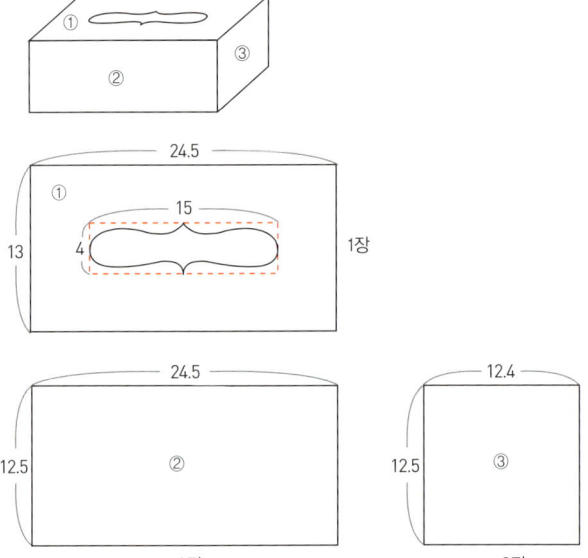

3

투각할 부분을 여러 번 칼질을 한다.

4

투각한 부분을 오려낸다.

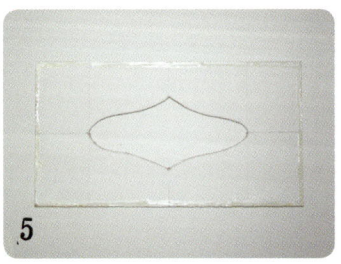

5

투각된 뒷면 끝부분에 접착제를 발라둔다.

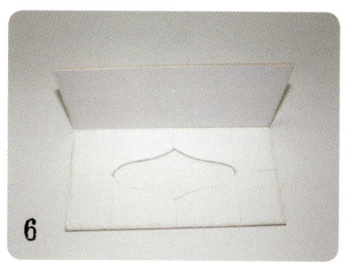

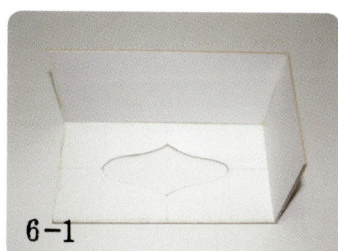

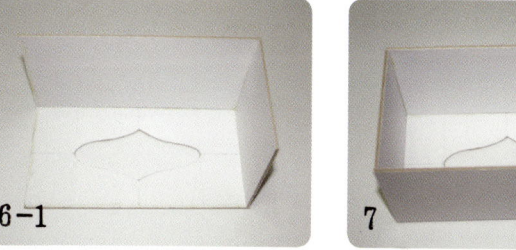

긴 사이즈부터 붙인 후 짧은 사이즈를 붙인
다.

마주 보는 짧은 사이즈를 붙인 다음 남은 면
의 긴 사이즈를 붙여 골격을 완성한다.

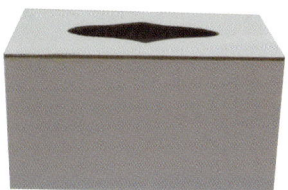

초배지 작업하기

겉

1

투각된 틀 사방으로 시접을 0.7cm 정도 더 하여 사방으로 재단하여 붙인다. 투각된 부 분으로 시접이 안쪽 면으로 들어갈 수 있게 밀어붙인다.

2

가로 면은 시접이 양옆, 아래로 넘어가게 재 단하여 붙인다.

3

세로면은 아래로만 시접이 들어갈 수 있게 붙인다.

안

1

가로면은 시접이 옆, 아래로 내려오게 붙인 다.

2

세로 면은 시접이 아래로 내려오게 붙인다.

3

윗면은 사방 0.5cm 작게 해서 붙인다. 마르 고 난 후 선 대로 칼로 자른다.

점토 색지 겉면 붙이기 안쪽은 초배지 붙이는 방법과 같다.

겉

1

윗면에 풀칠을 한 검정한지를 주름을 잡아 붙인 후 투각된 부분의 시접이 안쪽으로 들어갈 수 있도록 밀어 붙인다.

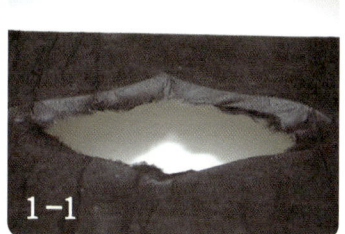

1-1

지점토를 이용하여 잎사귀 모양을 만든다. 살짝 건조시킨다.

2

3

점토 잎사귀를 원하는 곳에 접착제로 붙인다.

4

점토 위로 풀칠을 충분히 한 한지를 입힌다.

5

물기가 있는 상태에서 한지가 잘 늘어나므로 점토 위를 잘 붙인다. 특히 나뭇잎의 결을 잘 살리기 위해 살짝 주름을 잡아 붙인다.

6

속지를 붙인다.

탈색하기

1. 면으로 된 천을 둥글게 만든다.

2. 건조된 검은색 한지에 락스를 희석시킨 물을 적신 면을 쓱쓱 문지른다(물기를 충분히 빼준 다음 문지른다).

3. 주름 위나 입체적인 곳을 잘 살려 비벼준다.

4. 반복하여 원하는 곳을 더 밝게 작업한다.

5. 건조되면 티슈 입구 투각된 부분을 오려낸다.

사각 등

현대적인 지브라 문양을 접목시킨 한지 사각 등입니다.
세련되고 현대적인 등을 만들기 위해 지브라 문양을 넣으면
어떨까라는 호기심에 선택해보았죠. 사각 골격에 지브라
문양 그리고 은은한 한지와 장석으로 포인트를 주어
현대와 전통이 잘 어우러지게 만든 한지 등입니다. 합지와
아크릴을 이용하여 현대적인 사각 모양의 등을 골격부터
만들어보는 과정을 배울 수 있답니다.

HOW TO 25
사각 등

재료

합지, 아크릴 판, 접착제, 전선, 전구, 아크릴 전용 칼, 칼, 커팅판, 붓, 검정색 한지, 초배지,
장석, 나사, 송곳

재단 및 조립하기

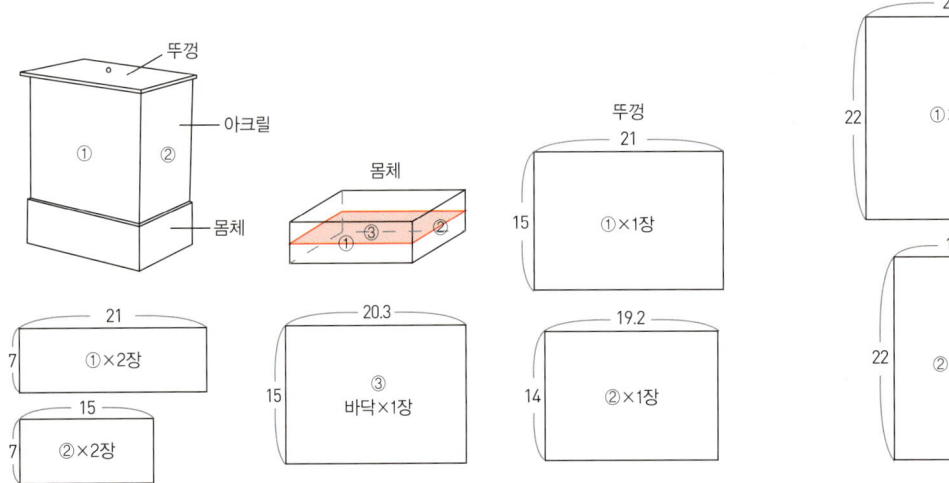

아크릴

뚜껑
20.2

22
①×2장

14.5

22
②×2장

뚜껑
21

15
①×1장

19.2

14
②×1장

21

7
①×2장

20.3

15
③
바닥×1장

15

7
②×2장

1

합지 부분을 재단한다.

2

긴 사이즈 안쪽에 접착제를 발라 짧은 사이
즈가 들어오게 붙이고 바닥 부분을 중간 위
치에 접착제를 발라 붙인다.

3

긴 사이즈를 덮는다.

4

완성

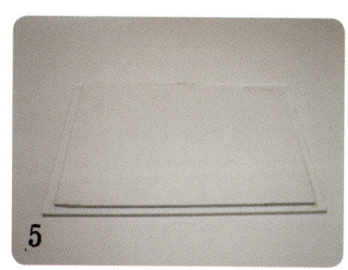

5

뚜껑 만들기
큰 사이즈에 아크릴 사이에 작은 면이 들어
가게 재단하여 서로 붙인다.

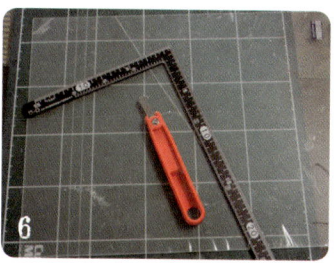

6

사각 틀에 맞게 아크릴 재단한다(아크릴 커
팅 칼을 이용하여 자른다. 얇은 아크릴은 일
반 칼로 재단이 가능하다).

7

아크릴이 붙을 자리에 접착제를 바르고 아
크릴에 접착제를 발라 마주보는 큰 면부터
붙인 후 작은 사이즈도 붙인다.

8

큰 사이즈 아크릴 옆면과 작은 면 안쪽에 접
착제를 발라 서로 맞물리게 붙인다.

9

완성

tip
• 작은 등에 사용할 아크릴 판과 전용 칼은
  문구점에서 판매하는 A4 사이즈를 구입
  한다. 두께는 2~3mm 로 구입한다. 아크
  릴전용 커팅 칼로 잘라서 사용한다.
• 바닥면에 미리 열 구멍과 전선이 들어갈
  자리를 드릴로 구멍을 뚫어둔다.

초배지 작업하기

몸체 겉

1

2

사각면은 사방 시접을 두고 붙인다. 마주 보는 면을 붙인다.

옆면은 시접이 위, 아래로 넘어가게 붙인다.

몸체 안

1

2

3

긴 면부터 시접을 옆, 아래를 두고 붙인다.

옆면은 아래로 시접을 두고 붙인다.

바닥을 붙인다.

4

윗면을 붙인다.

뚜껑

1

2

윗면에 시접이 사방으로 넘어가게 붙인다.

작은 면은 맞게 붙인다.

170

문양 작업하기

몸체 문양

1 지브라 문양을 고정시킨다.

2 골격 몸체에 사이즈를 맞춰 재단하여 붙인다. 문양 검정 부분을 남기고 흰 부분을 제거한다. 이때 면이 잘려나가지 않게 조심한다.

3 가로 면에 문양을 붙인다.

4 세로 면에 문양을 붙인다.

5 모서리 부분을 정리한다.

6 모서리 부분에 띠를 두른다.

7 미무리한다.

위판 문양

위판은 사이즈에 맞게 문양 작업한 후 붙인다. 띠로 깔끔하게 선을 만들어 붙인다.

검은색 띠로 모서리 부분을 붙인다.

위판 작업을 한 다음 뒤판을 붙인다.

사각 등 마무리

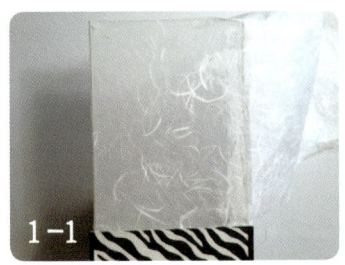

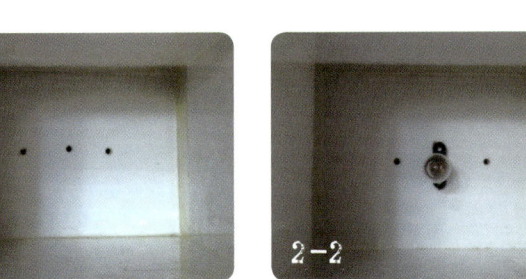

사각 등 투명 아크릴에 종이 붙이기
시접을 남기고 종이에 풀칠을 하여 골격에 붙여간다. 처음 시작하는 곳과의 시접을 1cm 정도 둔다. 골격에 풀칠을 하면 잘 붙지 않기 때문에 종이에 풀칠을 한다.

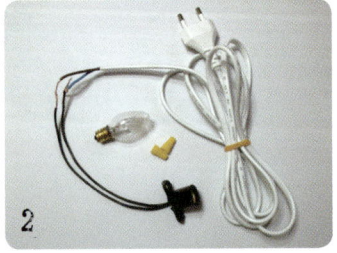

전선 연결하기
사각 틀 안에 전선 구멍과 공기 구멍을 뚫어 전선을 연결한다.

장석으로 마무리한다.

문양

삼
단
서
랍
장

●

삼단 서랍장은 한지공예를 한다면 누구나
만들어보고 싶은 욕심이 생기는 작품입니다.
칸칸이 서랍이 있어 활용도도 높답니다. 전통적인
고가구의 느낌을 표현하고 싶다면 갈색 톤의
은은함을 살려 색한지를 이용하면 됩니다. 시중에
여러 가지 반제품을 이용하여
쉽고 재미있게 만들어보세요.

HOW TO 25
삼단 서랍장

재료

삼단 서랍장 골격, 초배지, 색지, 문양, 접착제, 풀, 붓, 자, 커팅판, 샤프

반제품 조립하기

1 서랍이 들어갈 박스 세 개를 조립한다.

2 세 개의 상자가 들어갈 박스를 조립하여 상자 둘레를 두른다.

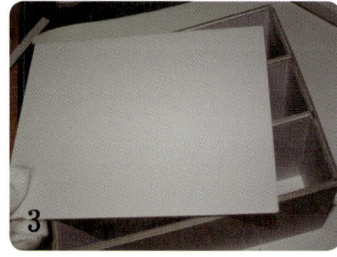

3 뒤판을 맞게 붙인다.

4 지붕을 조립한다. 세 겹의 지붕을 겹친 다음 양쪽 끝부분을 휘게 올린다.

5 몸체 윗부분에 지붕을 붙인다. 앞, 뒤 여분을 잘 맞춰 중앙에 붙인다.

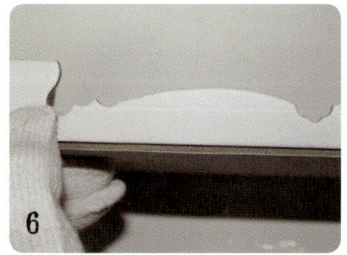

6 다리를 조립하여 붙인다.

초배지 붙이기

몸체

서랍장 지붕이 되는 윗면을 시접을 사방으로 두고 붙인다. 앞면으로 내려오는 시접은 서랍 안으로 들어가게 붙인다.

옆면은 몸체 시작되는 부분으로 시접이 내려오게 붙인다. 곡선 부분의 시접은 미리 가위집을 내고 끝부분을 찢어가면서 당기듯 시접을 붙인다.

다리 겉의 앞, 뒷면은 시접을 사방으로 두고 붙인다. 위로 올라가는 시접은 몸체 서랍 안으로 들어가게 붙인다. 아래로 내려오는 시접은 다리 속으로 들어가게 붙인다. 다리의 곡선 모양을 따라 시접을 내고 곡선 부분은 끝부분을 당기며 기포가 들어가지 않게 붙인다.

다리 옆면은 시접을 위, 아래로 붙인다.

다리 안의 앞, 뒷면은 끝부분에서 시작하여 시접을 옆, 아래로 붙인다.

다리 안의 마주 보는 옆면은 끝부분에서 시작하여 시접이 바닥 아래로 붙인다.

바닥면은 크기에 맞게 붙인다.

몸체 옆면은 시접이 양쪽 옆으로 넘어가게 붙인다.

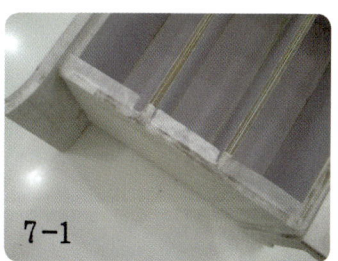

서랍 정면 쪽으로 넘어오는 시접은 서랍 속으로 시접이 들어가게 붙인다.

8

몸체 앞면은 서랍이 들어가는 사각 부분의 시접을 사방으로 남기고 중앙의 나머지 부분은 제거한 다음 붙인다.

8-1

시접이 모두 몸체 서랍 안으로 들어가게 붙인다.

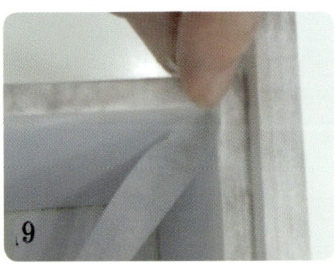

9

서랍 속은 초배지를 가로 2cm 정도 세로는 모서리 길이만큼 잘라서 사각의 모서리 부분에 시접이 1cm 씩 나눠 붙인다. 몸체 서랍 안과 서랍에 초배지, 색지를 모두 붙이면 서랍 사용 시 뻑뻑할 수 있으므로 간단하게 몸체 서랍 안은 모서리에 띠 작업만 한다.

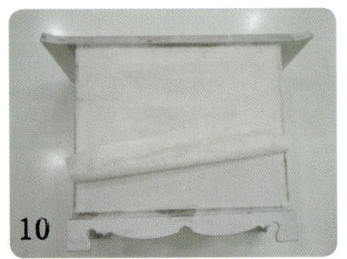

10

뒷면은 시접 없이 사이즈에 맞게 붙인다.

서랍 겉

서랍의 앞, 뒷면은 시접을 사방으로 두고 붙인다. 장석이 들어갈 부분에 구멍을 뚫어준다.

마주 보는 옆면은 시접을 위, 아래로 두고 붙인다.

바닥은 맞게 붙인다.

서랍 안

서랍 안의 앞, 뒷면은 시접을 옆, 아래로 두고 붙인다. 장석이 들어갈 부분에 구멍을 뚫어 준다.

마주 보는 옆면은 시접을 아래로 두고 붙인다.

바닥은 사이즈에 맞게 붙인다.

색지 붙이기

초배지와 색지 붙이는 순서와 방법은 같으며, 몸체 서랍 속 색지 붙이는 과정만 추가된다.

몸체

1

2

3

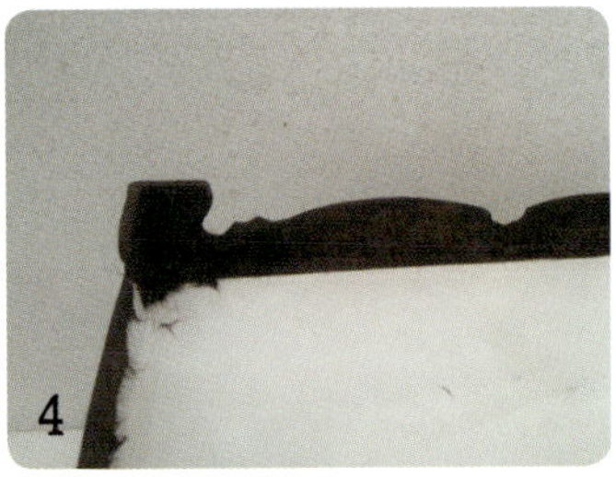

4

5

6

7

8

9

서랍 속

1

2

3

4

tip

몸체 서랍 속 색지붙이기
몸체 서랍 속과 서랍은 3개이므로 종이 재
단 시 ×3을 하여 종이를 준비한다.

서랍 겉

1

2

3

서랍 안

1

2

3

문양 붙이기

서랍

1

지붕 윗면에 붙일 문양을 양각으로 오린다.

2

다른 색상을 문양 아래에 대고 문양이 돋 보이게 배접한다.

3

건조되면 배접된 부분의 테두리를 깔끔하 게 오려낸 다음 지붕의 중앙에 위치를 정하 고 붙인다.

지붕

1

서랍 앞부분에 붙일 문양을 양각으로 오려 낸다.

2

서랍 앞부분 중앙에 문양의 중심을 정한 후 골격에 풀칠을 한 다음 붙인다.

3

서랍 3개의 문양이 중앙에 나란히 올 수 있 게 작업한다. 장석이 들어갈 부분의 구멍을 뚫어준다.

장석달기

1

서랍 뒷면에서 구멍에 나사를 밀어 넣는다.

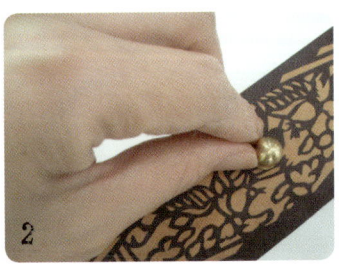

2

서랍 앞면으로 올라온 나사를 장석에 넣어 돌려준다.

서랍 문양

윗면 지붕 문양

사
각
함

●

사각 함을 만들기 전부터 이 함은 정말 나만의 의미가 있는
것을 담아두는 소중한 함으로 만들어야겠다고 계획했어요.
그만큼 나의 정성이 가득 담긴 함을 만들고 싶었기에
문양부터 정성을 쏟을 수 있는 것을 선택했어요. 자수에서
빌려온 문양에서 수를 놓듯 정성스레 한땀한땀 작업을
했어요. 무엇을 만들기 전에 활용도를 생각하고 그에
따른 문양의 선택도 중요하다고 생각해요. 한지공예를
한다면 하나쯤은 아주 섬세하고 꼼꼼한 작업을 한 작품을
소장하고 있는 것도 필요하겠죠.

사각 함

재료

합지, 초배지, 색한지, 문양, 칼, 접착제, 풀, 자, 붓, 커팅판, 샤프

재단 및 조립하기

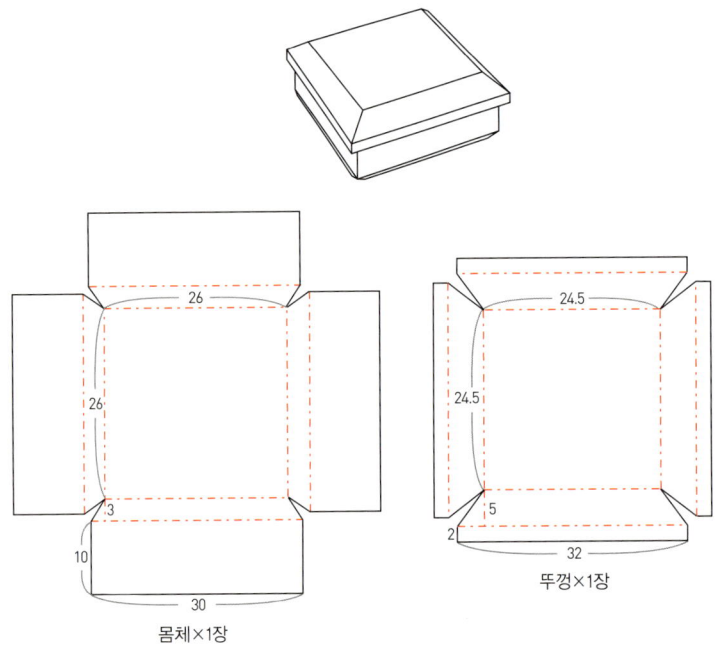

몸체×1장

뚜껑×1장

뚜껑

1 합지에 재단한다. 떨어지는 면이 없이 반 칼선을 주어 상자를 재단한다. 꺾이는 부분은 반 칼선을 주고 겉 라인은 자른다.

2 반 칼선을 둔 부분은 면이 끊어지지 않게 꺾어 모서리 부분에 접착제를 바른 후 붙인다.

3 접착제를 발라 붙인 부분이 떨어지지 않게 잘 고정시킨다.

사각 함 몸체

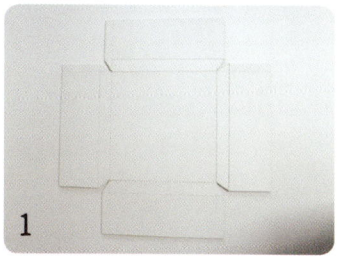

1 합지에 재단한다. 꺾이는 부분은 반 칼선을 주고 겉 라인은 자른다.

2 반 칼선을 둔 부분은 면이 끊어지지 않게 꺾은 다음 접착제를 발라 붙인다.

3 네 모서리 부분에 접착제를 발라 잘 맞물리게 붙인 후 고정시킨다. 조립 후 뚜껑과 몸체의 이가 잘 맞아 떨어지는지 확인한다.

초배지 붙이기 초배지와 색지 붙이는 과정이 같으므로 생략한다.

색지 붙이기

뚜껑

1 뚜껑 겉의 면을 사방에 시접을 두고 붙인다. 마주 보는 면도 붙인다.

2 옆면의 사다리꼴의 면은 시접을 위, 아래로 두고 붙인다. 마주 보는 면도 붙인다.

3 아래 직사각의 면은 시접을 옆, 아래로 들어가게 붙인다. 마주 보는 면도 붙인다.

4 옆면의 직사각의 면은 시접을 아래로 들어가게 붙인다. 마주 보는 면도 붙인다.

tip
윗판의 앞, 뒤 색지 작업은 문양작업이 끝난 후 붙인다.

뚜껑 안

1 끝선에서 시작하여 시접이 옆, 아래로 내려가게 붙인다. 마주 보는 면도 붙인다.

2 끝선에서 시작하여 시접이 아래로 내려가게 붙인다. 마주 보는 면도 붙인다.

3 사다리꼴의 면은 시접을 옆, 아래로 두고 붙인다. 마주 보는 면도 붙인다.

4 사다리꼴의 면은 시접을 아래로 두고 붙인다. 마주 보는 면도 붙인다.

몸체 겉

1 겉면의 사각면부터 시접을 사방으로 두고 붙인다. 마주 보는 면도 붙인다.

2 옆면의 사각면은 시접을 위, 아래로 두고 붙인다. 마주 보는 면도 붙인다.

3 꺾이는 사다리꼴의 면은 시접을 옆, 아래로 두고 붙인다. 마주 보는 면도 붙인다.

4 나머지 옆면은 시접을 아래로 두고 붙인다. 마주 보는 면도 붙인다.

5 바닥면은 사이즈에 맞게 붙인다.

몸체 안

끝선에서 시작하여 사각면의 시접은 옆, 아래로 두고 붙인다. 마주 보는 면도 붙인다.

끝선에서 시작하여 사각면의 시접은 아래로 두고 붙인다. 마주 보는 면도 붙인다.

꺾이는 사다리꼴의 면은 시접을 옆, 아래로 두고 붙인다. 마주 보는 면도 붙인다.

꺾이는 사다리꼴의 면은 시접을 아래로 두고 붙인다. 마주 보는 면도 붙인다.

바닥면은 맞게 붙인다.

문양 작업하기

학 문양 복잡하고 세심한 부분이 더욱 많은 문양은 시간을 잘 나눠서 조금씩 작업한다.

한지를 겹쳐서 고정시킨 문양을 안쪽부터 작업해나간다. 학 문양은 깃털 부분까지 작업해준다.

사각함 문양 작업하기

턱

1 먼저 꽃은 빨간색을 중앙에 붙이고 바깥쪽으로 주황색, 노란색을 찢어 붙인다.

2 연두색, 초록색으로 잎사귀를 표현한다.

3 하늘색, 파란색 계열로 구름을 표현한다.

4 깃털 부분과 전체적으로 조화롭게 마무리 작업을 한다. 마치 붓으로 칠한 느낌이 난다.

문양 붙이기

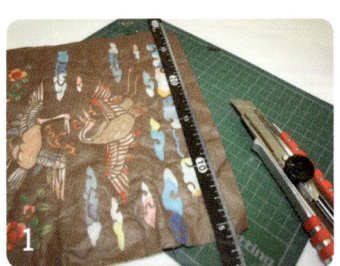

1 사각함의 골격에 맞게 문양을 재단하여 붙인다.

2 위판 문양을 붙인 후 뒤판 바닥면을 붙인다. 이렇게 해야 틀이 틀어지지 않는다.

tip

한지공예의 마무리는 띠를 둘러 깔끔하게
정리하는 것이다. 전체적인 색상과 문양의
색상을 고려하여 조금 진한 색상으로 데두
리에 두르면 골격의 라인이 선명해져서 더
욱 돋보이게 한다.

4

띠로 장식하고 마무리한다.

문양

육각 등

영화나 TV에서 가끔 배경 속에 있는 한지 등을 유심히 봅니다. 저도
가끔 협찬을 하는데요, 육각 등은 특히 전통적인 색감과 문양이
어우러져 배경을 한층 더 돋보이게 해요. 육각 등을 보면 꼭 나무
한 그루가 서 있는 모습 같아요. 새가 날아와 나뭇가지에 앉아 있는
문양으로 기둥은 갈색 톤으로 튼튼한 나무 기둥을 연상하게 작업을
해보았어요. 면이 6각으로 되어 있어 여러 가지 전통 문양을 담아
정성이 가득한 한지 등이에요. 육각 등은 난이도가 높은 단계지만
뚜껑부터 천천히 하나씩 만들어간다면 어느덧 한 그루 나무 같은
육각 등이 내 곁에서 빛을 내고 있을 거예요.

주의 각도기 사용을 잘 해야 하고 합지 모서리 부분부터 이용할 때는 6각 옆의 꺾이는 면
사이즈까지 계산하여 넉넉히 자리를 잡아 그려나간다. 열이 빠져 나오는 구멍을 뚫어야
한다. 초배지를 두 번 정도 바르면 정말 튼튼한 골격이 완성된다. 재단이 어려운 분들은
시중에서 판매하는 반제품을 구입하여 조립하는 부분부터 참고하면 됩니다.

육각등

재료

합지, 초배지, 색한지, 아크릴 투명판, 칼, 접착제, 풀, 붓, 문양, 커팅판, 샤프, 커팅칼, 전선,
전구, 나사, 송곳, 드라이버, 각도기, 자

재단 및 조립하기

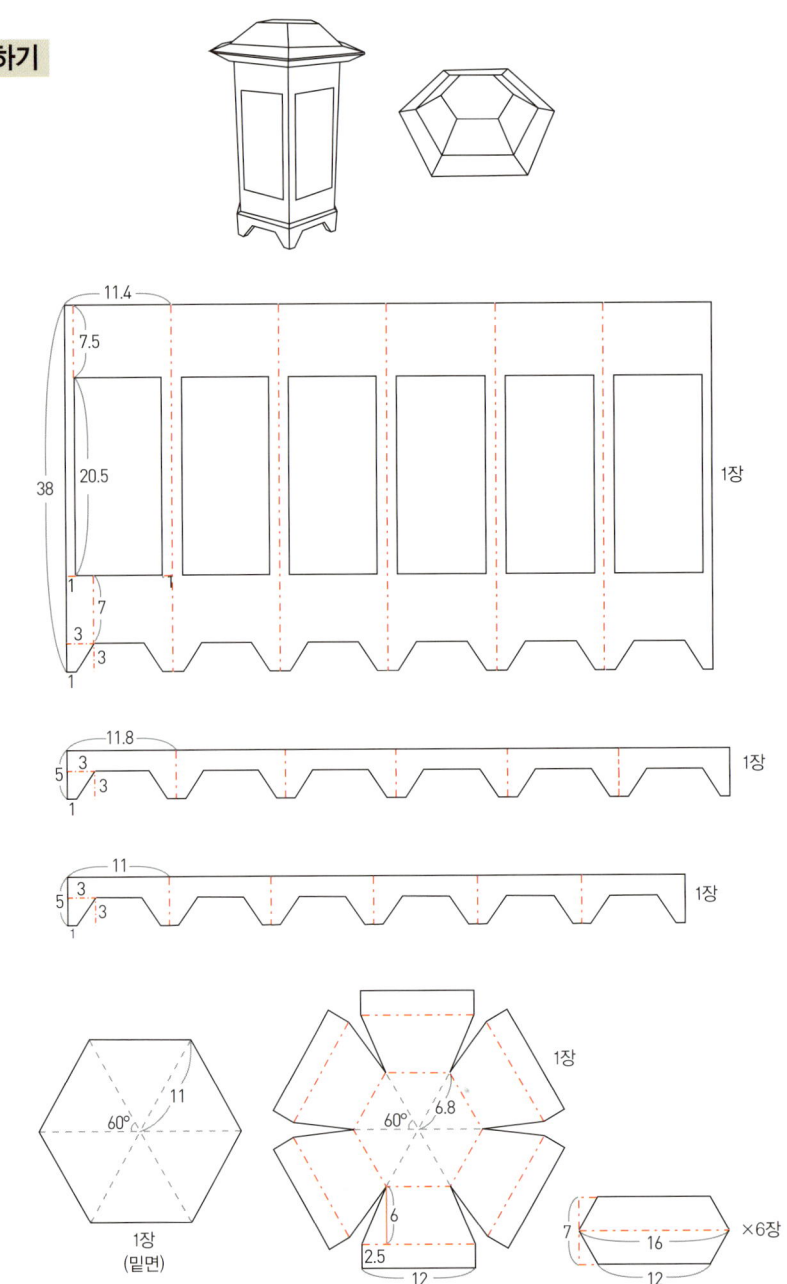

뚜껑

1

합지에 각도기와 자를 이용하여 6각을 그려서 뚜껑을 만든다. 사이즈를 정확하게 재단한다.

2

면이 꺾이는 곳에 반 칼선을 넣어준다.

3

면을 잘 꺾어 둔 다음 사다리꼴의 면과 면 사이 접착제를 발라 붙이고, 아래 직사각형 면도 꺾어 옆면끼리 붙인다.

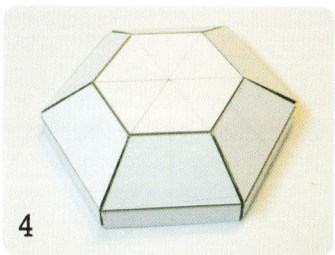

4

6면을 잘 맞물려 붙여나간다.

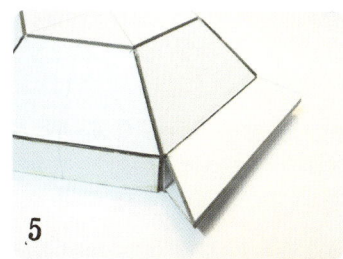

5

완성된 틀에 직사각형의 면에 사다리꼴로 꺾어진 면을 ㄱ자로 붙인다.

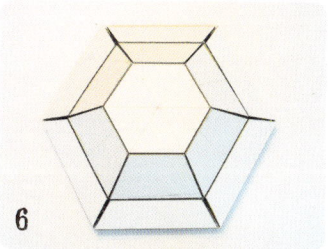

6

한 면씩 잘 이어 붙여 완성한다.

---

tip

6면을 붙인 다음 틈이 많이 벌어진 부분은 합지를 잘라 보완한다. 틀이 틀어지지 않게 고정시켜준다.

몸체 및 다리

6면을 그리고 중앙에 아크릴이 부착될 부분은 투각한다. 마지막 면에는 +0.3cm를 한다(항상 면이 많을 때는 마지막 사이즈를 조금 늘인다. 그래야 조립할 때 맞게 붙일 수 있다).

반 칼선을 주어 면이 꺾이도록 재단한다. 다리 부분도 세심하게 오려낸다(다리 부분 참고). 처음 부분과 마지막 면은 서로 붙을 수 있게 접착제를 발라둔다.

밑면은 몸체와 면이 서로 맞물리면서 붙을 수 있게 접착제를 바른 후 돌리면서 붙여나간다.

다리 만들기 추가 설명

몸체 부분 다리 겉면에 덧대는 다리는 0.4cm씩 크게 재단하여 다리에 덧붙인다.

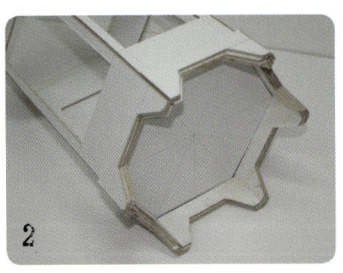

몸체 부분 다리 안쪽 면은 −0.4cm씩 사이즈를 줄여서 재단한 후 다리를 덧붙인다.

세 겹으로 튼튼한 고정된 다리를 만든다.

tip

- 다리 부분은 몸체를 받치기 때문에 외관상으로도 두껍게 재단하는 게 안정적으로 보인다.
- 다리 모양을 곡선을 그려서 재단하기도 한다. 곡선은 직선보다 재단하기가 힘들지만, 미관상 아름답다. 조금 더 신경 써서 시간과 노력을 투자한다면 더 아름다운 골격을 재단할 수 있다.

초배지 붙이기

뚜껑 겉

1

사다리꼴의 사방으로 시접을 두고 붙인다. 1, 3, 5면을 먼저 붙인다.

2

사다리꼴의 위, 아래 시접을 두고 붙인다. 2, 4, 6면을 붙인다.

3

지붕 사다리꼴의 시접을 옆, 아래를 두고 붙인다.

4

지붕 사다리꼴의 시접을 아래를 두고 붙인다.

5

윗면을 붙인다.

뚜껑 안

1

끝선에서 시접을 옆, 아래를 두고 붙인다.

2

끝선에서 시접을 아래를 두고 붙인다.

3

사다리꼴의 1, 3, 5면을 시접을 사방을 두고 붙인다.

4

사다리꼴의 2, 4, 6면을 시접을 위, 아래를 두고 붙인다.

5

사다리꼴 윗부분의 직사각형 모양의 옆 테두리 사각 면을 붙인다. 1, 3, 5면은 시접을 옆으로 2, 4, 6면은 시접 없이 맞게 붙인다.

6

아랫면을 붙인다.

다리 겉

1

시접을 사방을 두고 붙인다.

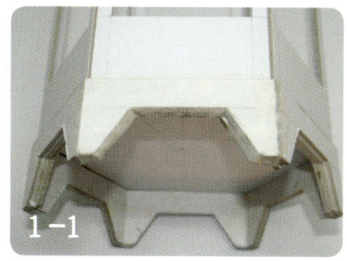

1-1

다리 골격이 두꺼우므로 시접이 다리 안으로 들어갈 수 있도록 충분한 여유분을 두고 재단한다.

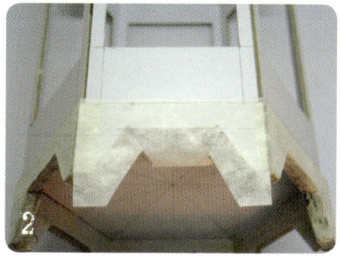

2

시접을 위, 아래를 두고 붙인다.

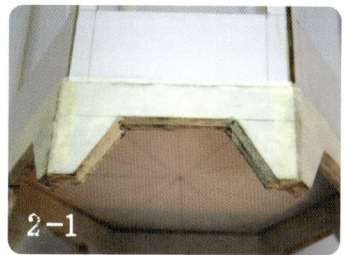

2-1

합지가 여러 겹 겹쳐 있으므로 초배지가 뜨지 않게 꼼꼼히 붙여준다.

다리 안

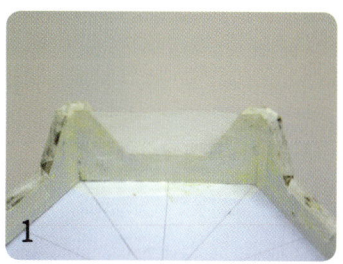

1

시접을 옆, 아래를 두고 붙인다. 중앙의 투각된 부분은 모양에 맞추어 미리 오려내서 붙여주거나 건조된 후 칼로 모양대로 오려낼 수 있다.

2

시접을 아래를 두고 붙인다.

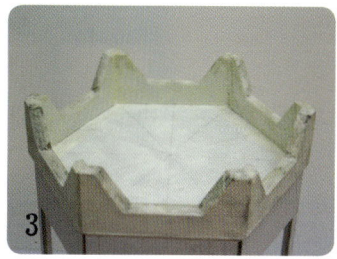

3

아랫면은 모양에 맞게 붙인다.

몸체 겉

1 기둥이 되는 모서리 부분은 초배지로 붙인다.

2 6면을 꼼꼼하게 붙인다.

3 남은 면을 붙인다.

몸체 안

1 몸체 1, 3, 5면은 시접을 옆, 아래로 두고 붙인 후 몸체 2, 4, 6면은 시접을 아래로 내려가게 붙인다.

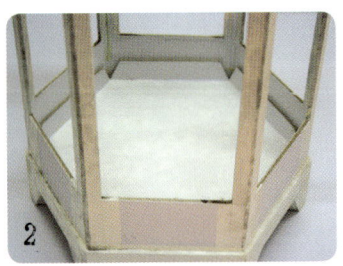

2 바닥면을 맞게 붙인다.

> **tip**
> 틈이 벌어진 부분이나 초배지가 들뜬 부분은 합지나 초배지로 조금씩 덧댈수 있다.

색지 붙이기

뚜껑 걸

1

사다리꼴의 사방으로 시접을 두고 붙인다. 1, 3, 5면을 먼저 붙인다.

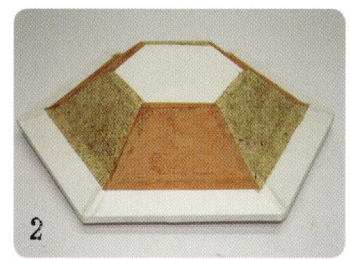

2

사다리꼴의 위, 아래 시접을 두고 붙인다. 2, 4, 6면을 붙인다.

3

윗면을 맞게 붙인다.

4

지붕 1, 3, 5면의 사다리꼴의 시접을 옆, 아래를 두고 붙인다.

5

지붕 2, 4, 6면의 사다리꼴의 시접을 아래를 두고 붙인다.

6

완전히 건조되면 윗면에 위치를 정하여 공기 구멍을 뚫어준다. 구멍이 난 곳에 종이가 일어날 수 있으므로 표면을 매끄럽게 한다.

뚜껑 안

1, 3, 5면 선에서 시접을 옆, 아래(시접이 뚜껑 안으로 내려오게)로 두고 붙인다.

2, 4, 6면은 끝선에서 시접을 아래로 두고 붙인다.

사다리꼴의 1, 3, 5면을 시접을 사방으로 두고 붙인다.

사다리꼴의 바로 윗면 직사각 면을 옆 시접만 두고 1, 3, 5면을 붙인다.

사다리꼴의 2, 4, 6면을 시접을 위, 아래를 두고 붙인다.

사다리꼴의 바로 윗면 직사각 면을 딱 맞게 2, 4, 6면을 붙인다.

아랫면을 사이즈에 맞게 붙인다.

몸체 겉　중앙의 투각된 사각면은 시접을 사방으로 남기고 제거한다.

드릴로 전선, 공기 구멍을 뚫어둔다. 색지 작업이 들어가기 전이나 후에 뚫어도 된다.

몸체 겉면 1, 3, 5면은 사각으로 투각된 부분의 시접만 남기고 제거해준다. 시접은 사방으로 두고 붙인다.

몸체 겉면 2, 4, 6면은 사각으로 투각된 부분의 시접만 남기고 제거해준다. 시접은 위, 아래를 두고 붙인다.

몸체 안　중앙의 투각된 사각면은 시접 없이 제거해둔다.

몸체 1, 3, 5면은 시접을 옆, 아래로 두고 붙인다.

몸체 2, 4, 6면은 시접을 아래로 내려가게 붙인다.

바닥면은 맞게 붙인다.

다리 겉

겉면의 1, 3, 5면은 시접이 옆, 아래로 넘어 가게 붙인다. 다리 부분 색지 재단 시 다리 중앙의 투각된 부분은 시접만 남기고 제 거한다. 모서리 부분에 초배지가 보이면 색 지 여분을 찢어 붙여 보완해준다.

겉면의 2, 4, 6면은 시접이 아래로 넘어가게 붙인다.

다리 안

안쪽 면의 1, 3, 5면은 끝부분에서 시작하여 시접이 옆, 아래로 내려가게 붙인다.

안쪽 면의 2, 4, 6면은 끝부분에서 시작하여 시접이 아래로 내려가게 붙인다.

바닥면은 맞게 붙인다.

육각 등 문양 육각 등은 꺾이는 6면을 문양과 색지의 조합으로 아름답게 꾸며준다. 전체적으로 나무의 색감을 살리는 색지를 선택하였으며, 나뭇 가지에 앉은 새를 여러 장면의 문양을 선택하여 작업하였다. 문양이 작고 섬세하므로 세심하고 꼼꼼하게 작업을 한다.

문양 작업하기

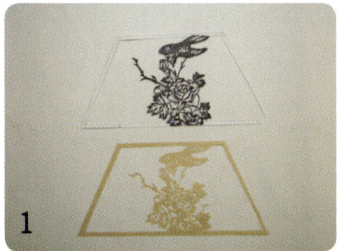

1 문양을 양각으로 오려낸다.

2 문양 뒷면에 색한지를 찢어 붙인다.

3 완성된 문양을 다시 진한 색지에 배접한다.

4 배접된 진한 색의 한지가 보이게끔 0.1cm 남기고 오려낸다.

5 겉 테두리를 오려낸다.

6 완성된 문양을 뚜껑에 붙인다.

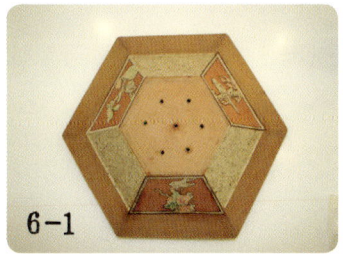

6-1 뚜껑의 1, 3, 5면에 문양을 붙인다. 배접이 된 상태여서 문양 뒷면에 풀칠을 하여 붙여도 된다.

7 전체적인 색감과 어울리는 색한지로 띠를 두른다.

7-1 다리와 몸체의 경계선을 주고 각이 나눠지는 모서리에 띠를 두르면 깔끔하게 마무리가 된다.

아크릴 작업하기

1

창문에 들어갈 아크릴을 6장을 잘라 빛이 잘 투과할 있도록 미리 얇은 한지로 씌워 건조해둔다. 아크릴은 문구점에서 구입 가능하다. 얇기 때문에 칼질을 하여 손으로 살짝 꺾어주면 된다. 흰 오공본드가 있으면 풀에 조금 넣어 섞어 사용하면 된다.

2

아크릴에 한지가 완전히 건조가 되면 몸체 뒷면에서 붙인다.

3

육각 등 몸체 뒷면에서 기둥 부분과 아크릴판이 붙는 부분에 접착제를 발라 붙인다.

4

미리 준비한 사군자 문양의 뒷면에 풀칠을 하여 1, 3, 5면의 아크릴판에 붙인다.

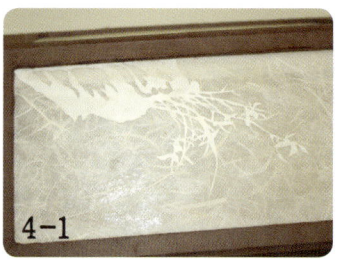

4-1

사군자 문양은 흰색 한지를 여러 겹 도톰하게 배접하여 양각으로 오린다.

5

전선을 연결하여 완성한다.

창문 문양

뚜껑 문양

207

 느리게 만드는
특별한 이야기 02

한지공예
일상을 담다

초판 1쇄 발행 2011년 9월 30일
초판 3쇄 발행 2017년 11월 10일

지은이 정은하
펴낸이 이지은
펴낸곳 팜파스
기획·진행 이진아
편집 정은아
사진 그림스튜디오
디자인 (주)ALL design group
마케팅 정우룡
인쇄 (주)미광원색사

출판등록 2002년 12월 30일 제10-2536호
주소 서울시 마포구 어울마당로5길 18 팜파스빌딩 2층
대표전화 02-335-3681 **팩스** 02-335-3743
홈페이지 www.pampasbook.com | blog.naver.com/pampasbook
이메일 pampas@pampasbook.com

값 18,000원
ISBN 978-89-93195-69-9 13590